U0242965

我的小小科学实验室

92个小实验让孩子从小爱科学

少儿科学实验全知道

〔韩〕梁一镐／编著　洪梅／译

2

北京联合出版公司
Beijing United Publishing Co.,Ltd.

作者的话

不亲眼去看，不做观察，如何进行探索？

在这世界上真的有许多令人吃惊的现象。阳光普照的天空突然会下起雨来；放在窗外的玻璃杯一夜之间就结出了白霜；有些植物长得特别快，而有些植物却长得不那么快；每天月亮的模样都在发生变化。有些现象的发生看起来是理所应当的，但是如果大家理解了现象发生背后的原理，带着"为什么会发生这种事情"的疑问去探索，各位小朋友也将感受到大自然的神秘。

牛顿看到苹果掉在地上就想"为什么会掉在地上呢"，然后他就发现了重力的原理。达尔文观察到生活在加拉帕哥斯群岛上的雀科鸣鸟的鸟喙和生活在南美的鸟的鸟喙形状不一样，以此为根据提出了自然选择说的主张。开普勒在查看火星轨道的观察资料时发现当火星靠近太阳时速度会加快，远离太阳时速度又会变慢，提出了"为什么火星没有脱离轨道、为什么公转速度会发生变化"的疑问，并且最终发现了火星的椭圆形轨道。

所谓探索就是带着"为什么会这样""怎么才能做得

到""如果这样做的话会发生什么"这样的疑问寻找答案的过程。
而为了找到答案需要我们留心观察身边的事物和自然现象，不断地
去进行思考。当你通过这样的角度去观察世界时，你会发现这个世
界充满了神奇的现象。

希望《少儿科学实验全知道②》可以成为小朋友们学习观察和
做实验的亲切向导。本书对那些打眼一看就让人一身冷汗的实验，
按照步骤逐一进行了说明和讲解，大家只需按照步骤执行就可以轻
松地理解实验内容。希望这本书可以为大家的实验探索注入活力，
让各位体会到实验的乐趣。科学概念、探索要素、试验方法、实验
中出现的结果、需要知道的知识点、神奇的科学故事等难以理解的
概念本书都做了详细的说明。想要用"科学家的眼睛"来深入了解
的部分也从专业的角度进行了说明，相信那些对科学学习存在恐惧
感的小朋友也能够带着好奇和兴趣挑战一番。

期待各位小朋友通过《少儿科学实验全知道②》品尝一番当科
学家的乐趣，体验一番大自然的神秘。

梁一镐

2010年2月

目录　92个小实验让孩子从小爱科学

本书结构  观察　　实验　　调查

标题

　　这个标题告诉了我们本章节学习的主题。

核心内容

　　注明了与标题有关的核心内容，在这里可以知道我们到底需要了解些什么。

探索要素

　　以符号的形式告知大家在进行观察、预想、分类和控制变量等探索活动时需要知道的探索要素。

物质的状态

我们身边的天然物质都是以固体、液体和气体这三种状态存在的，那么固体、液体和气体分别具备哪些性质呢？

 实验　了解固体的性质

　　我们身边常见的一些物体，例如铅笔、橡皮擦、笔筒、书桌等都是固体的。下面我们就来了解一下固体都有哪些性质吧。

准备材料　各种形状的透明容器、橡皮擦、铅笔

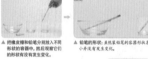

结果

▲把橡皮擦和铅笔分别放入不同形状的容器中，然后观察它们的形状有没有发生变化。

铅笔的形状：虽然装铅笔的容器形状各不相同，但是铅笔的形状和大小并没有发生变化。

结果

▲橡皮擦的形状：虽然装橡皮擦的容器形状各不相同，但是橡皮擦的形状和大小并没有发生变化。

通过调查得知的结果　像铅笔、橡皮擦、笔筒、书桌这类的物体用眼睛可以看得到，用手可以抓得到，而且即使放到不同形状的容器中，物体本身的形状和大小也不会发生变化。拥有上述性质的物体就称为固体。

▲固体用手是可以抓得到的。

 物体的状态

　　在我们身边充满了各式各样的物体和物质，它们各自都以固体、液体和气体这三种状态中的一种而存在着。像皮球、桌子、书包这样拥有一定的形状和大小的物质状态称为固体；像水、牛奶、果汁、油这样会随着盛放的容器而改变形态、体量不变的物质状态称为液体；像空气、氢气这样既没有一定的形状，也没有固定的体积的物质状态也称为气体。

▲游泳场里的水是液体，游泳圈是固体，游泳圈里填充的空气是气体。

24　少儿科学实验观察

 **35　实验　观察水结冰前后质量和体积的变化**

观察当水结成冰后质量和体积发生了哪些变化。

准备材料　电子秤、橡胶塞、试管、玻璃棒、盐、冰、烧杯、油性笔、水

①在带有橡胶塞的试管里装入一半的水，并用油性笔标出水面的高度。

②用电子秤测量装水试管的重量。

③在烧杯里加入冰块和盐，用玻璃棒搅拌均匀。

④把装水的试管放进有冰块和盐的烧杯中。

⑤观察试管中水的体积发生了怎样的变化。

⑥再用电子秤测量装水试管的重量。

结果

结冰前　　结冰后

▲水在结冰前和结冰后的重量变化
水结冰前和结冰后的重量不变。

结冰前　　结冰后

▲水在结冰前和结冰后的体积变化
水结冰后体积比结冰前大。

注意　注意在实验中，如果试管表面有水珠，会影响测量的准确性，因此在测量之前务必将水珠完全擦干净。

通过实验得知的结果　水从试管的外侧开始结冰，直到内部也完全结冰之后冰块会变得不透明。实验结果显示，水结冰前和结冰后的重量没有发生变化，由此可知当水的状态发生变化时，重量不会随之发生变化。而水的体积在结冰之后相较结冰之前变大了。因此装满水的瓶子放在冰箱的冷冻室里会冻裂，冬天水管会开裂都是由于水结冰之后体积变大。

探索活动编号和分类

　　本书对每个主题都进行了编号，并按照实验、观察和调查进行了分类。

科学家的眼睛

　　在这里可以深入学习与探索活动有关的扩充知识和概念。

需要知道的知识点

　　通过实验、观察和调查能够了解到的知识都在这里进行了整理和总结。

索引

两个领域的分类和大标题出现在这里。

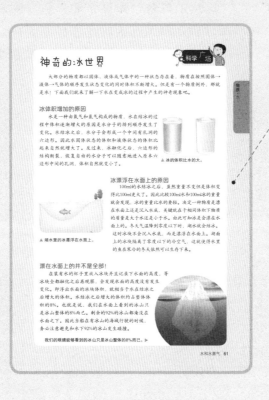

神奇的 水世界

科学 广场

大部分的物质都以固体、液体或气体中的一种状态存在着。物质在按照固体—液体—气体的顺序发生状态变化的同时体积不断增大。但是有一个物质例外，那就是水！下面我们就来了解一下水在变成冰的过程中产生的神奇现象吧。

冰体积增加的原因

水是一种由氢气和氧气构成的物质。水在结冰的过程中体积逐渐增大的原因是水分子的排列顺序发生了变化。水结冰后，水分子会形成一个中间有孔洞的六边形。因此水固体状态的体积和液体状态的体积比起来自然就增大了。反过来，冰融化之后，六边形的结构断裂，恢复自由的水分子可以随意地进入原本六边形中间的孔洞，体积自然就变小了。

▲ 冰的体积比水的大。

冰漂浮在水面上的原因

100ml的水结冰之后，虽然重量不变但是体积变得比100ml更大了。因此比较100ml水和100ml冰的重量就会发现，冰的重量比水的要轻。决定一种物质能否漂浮在水面上还是沉入水底，关键就在于相同体积下物质的质量要大于水还是小于水。由此可知冰是会漂浮在水上的。冬天气温降到0度以下时，湖水就会结冰。这时冰块不会沉入水底，而是漂浮在水面上。湖面上的冰块隔离了零度以下的冷空气，这就使得水里的鱼在某冷的冬天依然可以生存下来。

▲ 湖水里的冰漂浮在水面上。

漂在水面上的并不是全部！

在装着水的杯子里放入冰块并且记录下水面的高度，等冰块全部融化之后再观察，会发现水面的高度没有发生变化。即浮出水面的冰块体积，就相当于水在结冰之后增大的体积。水结冰之后增大的体积约占整体体积的8%。也就是说，我们在水面上看到的冰只是冰块整体的8%而已。剩余的92%的冰山都淹在水面之下。因此当船在有冰山的海域行驶的时候，务必注意避免和水下92%的冰山发生碰撞。

我们的眼睛能够看到的冰山只是冰山整体的8%而已。▶

水和水蒸气 61

科学广场

每个主题结束时都会有一个科学广场环节。在这里可以学习到与大标题有关的知识或者有趣的科学常识。

注意

告知在进行探索活动时需要注意的内容。

说明

1. 探索活动主题的选定

《少儿科学实验全知道②》在选定探索活动的主题时，对小学教科书中出现的所有实验和观察内容进行了挑选和整理，最终按照物质、能量划分为了两个领域。

2. 探索活动主题排列和标记

首先按照物质、能量两个领域划分单元，然后再将各个领域中类似的内容按照不同的主题进行了规整和排列。另外，本书中的探索活动均以"实验、观察、调查"作为大的探索方向。

3. 探索要素的构成

以教育课程提出的探索要素为标准，为本书整理出了"观察、分类、测量、预想、推理、沟通、控制变量、资料转换和分析"等图标化的探索要素。

什么是探索方法?

虽然了解科学知识非常重要，但更重要的是了解验证科学的方法。科学探索的方法有很多种，但是其中有一部分的过程是通用的。这就是所谓的"探索过程"。在本书中强调的探索要素如下所示。

 观察

探索最基础的阶段，动用所有的感官与工具（显微镜、望远镜等）搜集与问题相关信息的过程。

 分类

带有一定的目的、根据事物的共同点或指定的条件对事物进行分类或归纳。

例如：有翅膀——蝴蝶、猫头鹰；没有翅膀——老虎、人类。

 测量

利用尺子或温度计进行观察并完成数据化的活动。

例如：用尺子测量弹簧测力计变长之后的长度。

 预想

以观察或测量到的信息为基础提前判断之后可能会发生的情况。

例如：先用手掂量重量，然后再用秤确认准确的重量。

 推理

分析观察到的内容，对结果进行说明的阶段。

例如：看到装有冰水的玻璃杯外壁凝结的水滴可以推断出它是来自于空气中的水蒸气，也可以推断出它是由空气中的氧气和氢气结合而成的。

 沟通

将探索出的结果和朋友们一起交流，分享彼此的想法。

例如：在有人做了关于"火山活动的灾害"的说明之后，提出火山活动是否存在益处的想法等。

 控制变量

确认对实验或调查存在影响的各种条件，确保除了研究对象以外的其他条件始终保持一致。

例如：在比较花坛土壤和运动场土壤的风化程度时，除了土壤种类之外的其他条件都应保持一致，例如土壤量和水量等。

资料转换和分析

资料转换是指将测量结构记录下来之后，将测量数据制作成表格或图表以便于进行分析。

资料分析则是指对获得的资料进行分析，将其与预想或推理联系起来寻找两者之间的关系的过程。

● 什么是自由探索？　　　"自由探索"简单说来就是要求学生独立"选定探索主题、进行探索、书写报告、发表报告"，也就是由学生主导的探索学习。自由探索大体上可以分为以下6个阶段。

第1阶段　选定主题并组成探索小组

学生们就老师提出的大主题进行集体讨论。

各自提出自己想要探索的小主题，选择相同小主题的同学组成一个探索小组。

第2阶段　制订探索计划

为了解决小组选择的课题，由组员合力制订探索计划的阶段。

针对"什么人做什么事情"，"我们想要知道的内容是什么"，"到哪里可以找到需要的信息"等问题制订相应的计划。

第3阶段　实行探索及中间检查

搜集信息、分析信息、得出结论的阶段。

对搜集到的信息进行整理，交流关于发表内容的想法，小组之间进行讨论。

第4阶段　撰写最终报告

以搜集到的信息和组员之间讨论的内容为基础书写最终报告的阶段。

报告中不仅要写明主要想法和结论，信息和资料的来源以及搜集资料的方式也应该包括在内。

第5阶段　发表最终报告

对写好的报告进行发表的阶段。

发表可以通过视听资料、讨论、图表和问答等形式来进行。

第6阶段　评价

对此前的过程进行评价的阶段。

评价探索主题、过程、创意性、参与程度、发表方式等过程是否具有创意性，以及学生在整个探索过程中起到了多少主导作用。

物质

start!

　　"物质"是研究物质的性质、结构和变化的自然科学。它与"能量"不同，研究的对象就是物质本身。另外，人们还可以用现存的物质制作出完全不同的新物质。下面我们就来好好了解一下身边的各种物质吧。

物体和物质

我们身边常见的物体都是由哪些材料制作而成的，使用这些材料的原因又是什么?

观察 **日常用品是由什么材料构成的**

我们身边有许多物体，例如足球、杯子、衣服、桌子、自行车等。所谓**物体**是指具备一定的形状，占据一定空间的东西。物体是由木材、橡胶、玻璃、布料、塑料等材料制作而成的，这些制成物体的材料就称为**物质**。

下面让我们来观察一下各种物体，看一看它们都是由什么物质组成的。

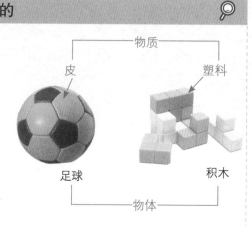

物质

皮　塑料

足球　积木

物体

玻璃　玻璃杯

塑料　铁　水壶

铁　玻璃　塑料　钟

皮　木材　皮椅

塑料　垃圾桶

皮　布料　橡胶　鞋子

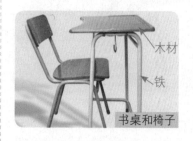

木材　铁　书桌和椅子

（通过调查得知的结论）我们身边的各种物体都是由各式各样的材料制作而成的。例如，玻璃杯是用玻璃做的，水壶是用塑料和铁做的，足球是用皮等材料做的。这些材料就称为物质，可以用于制作物体的代表性物质有铁、木材、橡胶、玻璃、皮、塑料等。另外由石材、布料和塑料泡沫制作的物体也非常多见。

自行车由车身、轮胎、车条、手柄等各种物体组合而成。那么这些物体都是由什么物质组成的呢？下面我们来观察一下自行车，了解组成自行车的物质种类，以及使用这种物质的原因，并且看是否与物质的性质有关。

准备材料 自行车

车身——金属：不容易弯曲，坚固耐用。

把手——塑料：坚固，不会觉得凉手。

坐垫——皮：吸收冲击力，冬天不会觉得凉。

车条——金属：不容易弯曲，坚固耐用。

轮胎——橡胶：吸收冲击力，使车骑起来更舒适。

通过调查得知的结论 物体可以像玻璃杯一样是由一种物质构成的，也可以像自行车一样由铁、皮、橡胶和塑料等两种以上的物质构成。在制作某种物体的时候，之所以要用到各种不同的物质，是因为物质具备各自不同的性质。例如，金属坚硬牢固，橡胶柔软能吸收冲击力，皮可以实现缓冲并且冬天不会觉得凉，塑料坚固并且摸起来不会凉手。因此在制作自行车时，在不同的部位选择了性质适宜的材料。假设自行车的轮胎是用木头做的，木材没有吸收冲击力和缓冲的作用，人们在骑车的时候就会感觉到不舒服，而且轮胎也更容易损坏。

科学家的眼睛

无法再继续分离的物质成分

组成物体的材料称为物质。物质再往下分离的话就成为了无法再继续分离的成分，也就是我们常说的元素。例如，我们日常喝的水是由氧元素和氢元素构成的，金戒指是由金元素构成的。也就是说物质通常是由一种或两种以上的元素构成的。

到目前为止，人们所知的元素约有110种，其中90多种是在自然界中发现的，剩下的都是由人工合成的。

水是由氧元素和氢元素构成的！

金戒指是由金元素构成的！

分类是指找出物体的共同点或不同点，并以此为基准对物体进行归纳的行为。下面让我们来观察一下各式各样的物体，并尝试根据物体的模样和构成物质来进行分类。另外还要看一看错误的分类案例引以为戒。

准备材料 钟、三角紫菜包饭、骰子、气球、硬币、橡皮擦等各式各样的物体

根据物体的形状进行分类

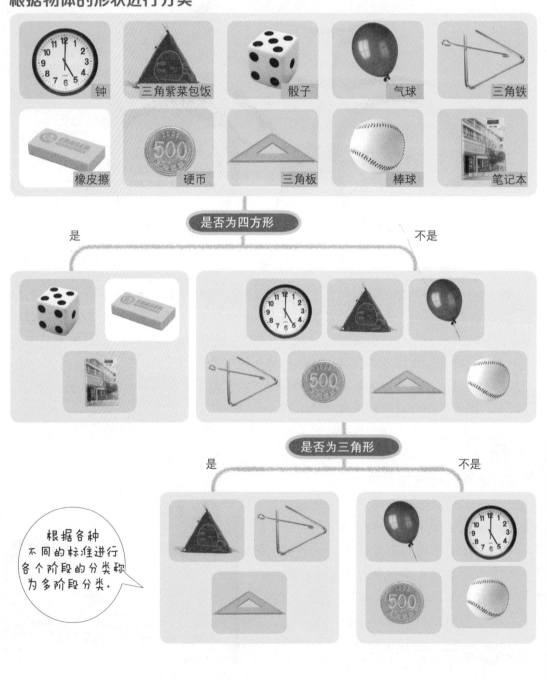

钟　三角紫菜包饭　骰子　气球　三角铁

橡皮擦　硬币　三角板　棒球　笔记本

是否为四方形

是　　　　　　　　不是

是否为三角形

是　　　　　　　　不是

根据各种不同的标准进行各个阶段的分类称为多阶段分类。

根据构成物体的物质进行分类

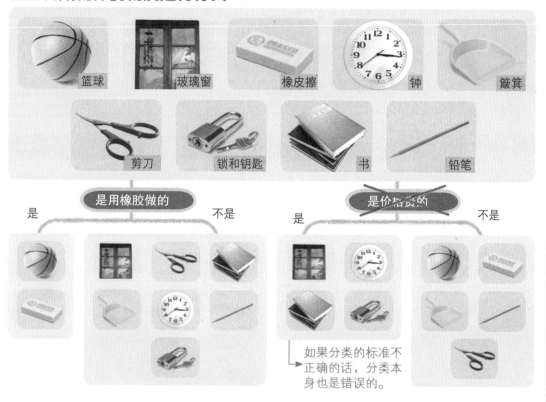

篮球　玻璃窗　橡皮擦　钟　簸箕

剪刀　锁和钥匙　书　铅笔

是用橡胶做的　　　　　　是价格贵的

是　　　不是　　　　　是　　　　不是

如果分类的标准不正确的话，分类本身也是错误的。

通过调查得知的结论 我们身边的物体可以以不同的性质为标准进行分类，例如物体的模样和构成物体的物质等。在对物体进行分类之前，首先要搞清楚分类的标准是否正确。分类的标准应该是人人都可以理解的客观性的内容，也就是说会随不同的情况或分类人的不同而发生改变的标准是不适宜的。为了准确地对物体进行分类，需要观察物体，了解构成物质的性质。比方说，如果了解橡胶的性质的话，"用橡胶制成的"分类标准也可以用"软乎乎"的来代替，得到的分类结果是一样的。

构成钻石和铅笔芯的元素

　　钻石在宝石中是价格最昂贵的一种物质。但有趣的是有一种物质虽然构成元素和钻石是一模一样的，但是性质和价值与之却有着天壤之别。这种物质就是用于制作铅笔芯的石墨。石墨和钻石都是由一种名为"碳"的单一物质构成的。碳既是生物体的构成元素之一，同时也是煤炭和石油的主要成分。但是为什么这两种物质的性质和价值会有那么大的区别呢？原因是两种物质在碳分子的排列顺序上存在本质的区别，而正是这一区别决定了钻石和铅笔芯的命运。

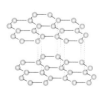

石墨的碳分子　　钻石的碳分子

物质的性质和用途

大部分的锅具都是用金属制造的。锅具为什么要用金属来制造呢？不可用橡胶或者塑料代替吗？

4　实验　哪种物质更坚硬

我们身边的众多物体都具备各自不同的性质。下面我们用准备好的这些物体彼此刮擦，观察各种物质的坚硬程度。

准备材料　木筷子、铁钉、塑料勺子、塑料泡沫条、铜板、橡皮擦

▲ 用木筷子分别刮擦铁钉、塑料勺子、塑料泡沫条、铜板和橡皮擦，只有塑料泡沫条和橡皮擦被刮出了痕迹。

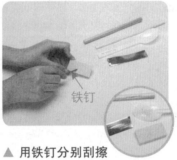

▲ 用铁钉分别刮擦塑料勺子、塑料泡沫条、铜板和橡皮擦，塑料泡沫条、塑料勺子、铜板和橡皮擦都被刮出了痕迹。

▲ 用塑料勺子分别刮擦塑料泡沫条、铜板和橡皮擦，只有塑料泡沫条和橡皮擦被刮出了痕迹。

▲ 用塑料泡沫条刮擦铜板和橡皮擦都没有留下痕迹。

▲ 用铜板刮擦橡皮擦会刮出痕迹。

通过实验得知的结论　在这些物质中铁钉最坚硬，塑料泡沫条最容易被损伤。对上述物质按照坚硬程度进行排序的话，顺序如下图所示。这个实验告诉我们物质的坚硬程度都是不同的。

我们身边的众多物体都具备各自不同的性质。下面我们把准备好的这些物体都折一折看，然后再放进水里，以此了解各种物质的柔韧度和在水里的漂浮程度。

准备材料 木筷子、铁钉、塑料勺子、塑料泡沫条、铜板、橡皮擦、水缸

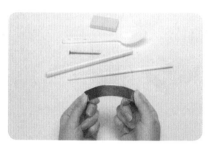

① 用双手分别折一折这些物体并按照柔韧程度进行排序。

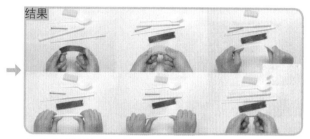

结果

▲ 铜板的柔韧性最好，接下来依次是橡皮擦、塑料勺子、塑料泡沫条、木筷子和铁钉。

② 把这些物体放入水中，观察其在水里的漂浮程度。

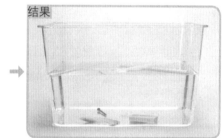

结果

▲ 塑料泡沫条、木筷子和塑料勺子漂浮在水面上，铁钉、橡皮擦和铜板沉在水底。

注意 相同的物质随着材质、种类和模样的不同，在水中的漂浮性质也会有所不同。例如：塑料勺子和橡皮擦。

通过实验得知的结论 铜板的柔韧性最好，铁钉的柔韧性最差。上述物体按照柔韧性排序的话，顺序应为铜板>橡皮擦>塑料勺子>塑料泡沫条>木筷子>铁钉。然后再将这些物体放入水中会看到，塑料泡沫条、木筷子和塑料勺子漂浮在水面上，其他物体都沉到了水底。由此可知，不同物质的柔韧性和在水里的漂浮程度也是各不相同的。

科学家的眼睛
物质的性质

气球之所以用橡胶来制作，而不是用塑料或纸张来制作正是因为橡胶具有延展性好的特质。每一种物质都具有各自的颜色、气味、味道、形状、坚硬度、柔韧性等独特的性质，这就是**物质的性质**。通常物质的用途大多取决于物质本身具备的性质。

◀ 橡胶具有延展性好的性质，因此可用于制作气球或橡皮筋。

在我们的身边可以发现很多由同一种物质制作而成的不同物体。在制作某一种物体时都利用了该物质的哪一种性质呢？下面我们就来观察身边常见的由同一种物质制作而成的不同物体，看它们都选取了物质的哪种性质。

准备材料 由木材、橡胶、玻璃等材料制成的物体

木材

 椅子　 木筷子　 黑板　 积木　 门板　 棒球棒

橡胶

 球　 橡胶鞋　 橡皮擦　 橡胶手套　 轮胎　 气球

玻璃

 玻璃瓶　 玻璃窗　 镜子　 鱼缸　 灯泡　 玻璃杯

金属

 钉子　 刀具　 回形针　 铁链　 锅具　 别针

塑料

 勺子　 积木　 菜板　 牙刷　 拖鞋　 垃圾桶

塑料膜

 一次性手套　 零食包装　 保鲜膜　 塑料大棚　 雨衣　 塑料袋

利用物质的性质

· 易塑形,不透明。
· 给人一种温暖的感觉。
· 不是特别的坚固,相对比较安全。
· 不易碎,不易损坏。
· 不容易弯曲。
· 不导热,不导电。

木材

· 柔软且有弹性。
· 柔韧性好,不易碎。
· 不导热,不导电。
· 不透明。
· 延展性好。
· 不吸水。

橡胶

· 透光性好,材质本身透明。
· 光滑。
· 易碎。
· 耐热性不好。
· 不导电。
· 不吸水。

玻璃

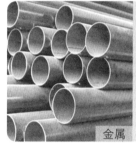

· 坚固,不易碎。
· 温度低。
· 不透明。
· 导热、导电性能良好。
· 有光泽。
· 容易生锈。

金属

· 柔软,轻便。
· 不易碎。
· 可以制成透光性好的,也可以制成不透光的。
· 不导电。
· 不耐热。
· 不吸水。

塑料

· 轻便,柔韧性好。
· 透明。
· 易燃。
· 不导电。
· 不吸水。

塑料膜

通过调查得知的结论 仅玻璃一种物质就可以制造出玻璃瓶、玻璃窗、镜子、鱼缸、灯泡和玻璃杯等各种不同的物体。只要留心观察,在我们身边还可以发现许多一种物质被用于各种不同用途的例子。在用同一种物质制造不同物体的时候,主要利用的是物质本身固有的性质。

科学家的眼睛
金属和铁

　　金属是指像铁、金、银、铜、锌等富有光泽,且能够导电和导热的物质。通常一提到"金属",大家立刻就会联想到铁,但其实铁只是众多金属中的一种而已。我们身边常见的物体,除了铁以外还使用了大量其他的金属作为原材料。硬币就是其中之一,常见的硬币材料有铝、铜、锌、镍等,不同面额的硬币材质往往存在一些差异。另外像罐头和饮料罐看似是用同种金属材质制成的,但其实也分为铝质和铁质的。

铝罐

铁罐

各种类型的罐子

正如橡胶既可以制成橡皮擦，也可以制成气球一般，我们可以用同一种物质制作出各种不同类型的物体。那么反过来同一种物体可以用不同类型的物质来制作吗？寻找我们身边用途类似但构成物质不同的例子，分析它们的优点和缺点。

准备材料 各种物体的图片

杯子 可以用玻璃、纸、金属、陶瓷、塑料等材料制作。

▲ **玻璃杯**：通体透明，可以清楚地看到内部的物质，但不耐热且易碎。

▲ **纸杯**：价格便宜，轻便，使用方便，但是无法多次重复使用。

▲ **金属杯**：轻便，不易碎，但导热性能好，容易烫手。

▲ **陶瓷杯**：耐热，质量重，易碎。

椅子 可以用木材、皮、金属、塑料等材料制作。

▲ **木椅**：触感好，坐起来不觉得凉，结实耐用但不耐热。

▲ **皮椅**：触感好，坐起来软绵舒适，但价格昂贵。

▲ **金属椅**：坚固，质量重，但是坐起来会觉得凉。

▲ **塑料椅**：轻便，坚固，但是坐起来硬邦邦的。

碗 可以用玻璃、木材、纸、塑料等材料制作。

▲ **玻璃碗**：通体透明，可以清楚地看到内部的物质，但不耐热且易碎。

▲ **木碗**：不易碎，不烫手，容易产生划痕，在水里泡太久容易坏。

▲ **纸碗**：价格便宜，轻便，但是无法多次重复使用。

▲ **塑料碗**：价格便宜，轻便，结实，但容易产生划痕。

通过调查得知的结论 在日常生活中，像杯子、碗、椅子等用途相同但构成物质不同的物体随处可见。之所以要像这样用各种不同的物质制造相同的物体，原因是为了最大限度突出并利用物质本身的优点。

用木头来做一台电脑会怎么样呢？尝试用新的物质重新制作我们现在正在使用的物体，或者画出新物体的样子，并且列举出用新物质之后，分别有哪些优点和缺点。

准备材料 彩色铅笔、签字笔、素描本

如果用木头做一台电脑的话……

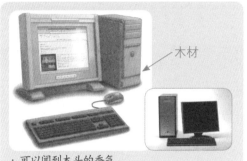

木材

· 可以闻到木头的香气。
· 可以触摸到木头温和的触感。
· 不容易损坏也不容易出现裂纹。
· 散热性不好。

如果用橡胶做一辆车的话……

橡胶

· 不容易出现磨损。
· 容易弯曲变形，因此不够安全。

如果用塑料膜做一个包的话……

塑料膜

· 非常轻便，价格便宜，下雨的时候包里的东西不会被淋湿。
· 可以看到包里的东西，不能长期使用。

通过调查得知的结论 现在我们正在使用的一些物体，如果用新的物质来制作的话也许会有好处，但也可能会有一些坏处。因此，为了让我们的生活更加丰富多彩，就需要人们持续不断地付出努力和进行研究。

科学家的眼睛

用玉米制作的塑料

利用原油制作的塑料坚固轻盈，而且可以染上各种颜色，是我们生活中极为常见的物体原材料之一。但是塑料腐烂分解需要花费相当漫长的时间，这对环境而言是一种污染。最近，人们发明了一种利用玉米等谷物制作的可以腐烂的塑料材质，目前已经有用这种塑料制作的手机外壳了。

物质的状态

我们身边的无数物质都是以固体、液体和气体这三种状态存在的。那么固体、液体和气体分别具备哪些性质呢？

9 实验 固体是什么意思

我们身边常见的一些物体，例如铅笔、橡皮擦、笔筒、书桌等都是固体的。下面我们就来了解一下固体都有哪些性质吧。

准备材料　各种形状的透明容器、橡皮擦、铅笔

▲ 把橡皮擦和铅笔分别放入不同形状的容器中，然后观察它们的形状有没有发生变化。

结果

▲ 铅笔的形状：虽然装铅笔的容器形状各不相同，但是铅笔的形状和大小并没有发生变化。

结果

▲ 橡皮擦的形状：虽然装橡皮擦的容器形状各不相同，但是橡皮擦的形状和大小并没有发生变化。

通过调查得知的结论　像铅笔、橡皮擦、笔筒、书桌这类的物体用眼睛可以看得到，用手可以抓得到，而且即使放在不同形状的容器中，物体本身的形状和大小也不会发生变化。拥有上述性质的物体就称为**固体**。

▲ 固体用手是可以抓得到的。

科学家的眼睛
物体的状态

在我们身边充满了各式各样的物体和物质，它们各自都以固体、液体和气体这三种状态中的一种而存在着。像皮球、桌子、书包这样拥有一定的形状和大小的物质状态称为**固体**；像水、牛奶、果汁、油这样会随着盛放的容器而改变形状，但量不变的物质状态称为**液体**；像空气、氦气这样既没有一定的形状，也没有固定的体积的物质状态称为**气体**。

▲ 游泳场里的水是液体，游泳圈是固体，游泳圈里填充的空气是气体。

10 实验 粉末状的物质是什么状态

固体具有形状不随盛放容器的改变而改变的性质。那么像盐、糖、沙子这类的粉末状物质到底是不是固体呢？下面我们把粉末状物质装进各种不同形状的容器中，观察它们的状态是否会发生变化。

准备材料 沙子、各种形状的透明容器、放大镜

① 把沙子装进不同形状的容器中。

▲ 沙子的形状会随着容器的形状而发生改变。

② 把一颗沙子放入不同形状的容器中，再用放大镜观察沙子的形状。

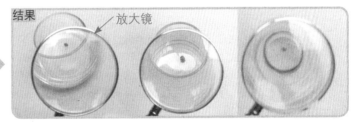

▲ 沙子颗粒的形状不会随容器的形状而发生改变。

通过实验得知的结论 在我们身边常见的粉末状物质，例如盐、糖、沙子都是由小颗粒组合而成的整体。虽然由小颗粒组成的集合体会随着容器的形状而发生改变，但是每一个单独的颗粒并没有发生变化。因此粉末状物质也属于固体状态。

科学家的眼睛

固体放入不同形状的容器中形状不变的原因

物质是由人们肉眼看不见的小分子组合而成的。固体状态下物质分子之间的距离非常小，分子排列紧密。而且这些分子之间存在彼此吸引的力量，由于分子之间的距离非常小，所以吸引的力量也就更大。因此固体物质的分子无法自由地进行活动，最多只能在原地颤抖。综上所述，固体状态下物质形状不会发生改变的原因就是分子无法自由地进行活动。

分子间的距离非常小，彼此之间吸引的力量比较大，因此形状不容易发生改变。

◀ 固体状态的分子

观察我们身边常见的水、牛奶和果汁之类的物质，了解它们具有哪些性质，了解什么是液体。

准备材料 各种形状的玻璃容器、量筒、染料或色素、水、油性笔

① 先在水里加入色素，然后把水倒入量筒中。

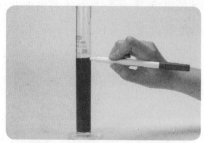

② 观察水的量是多少，然后用油性笔在量筒上做好标记。

③ 把量筒里的水倒入玻璃杯中，观察水的形状。

▲ 玻璃杯里水的形状

④ 把玻璃杯里的水再倒入三角烧杯中，观察水的形状。

▲ 三角烧杯里水的形状

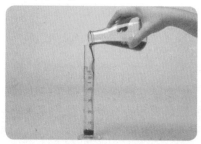

⑤ 把三角烧杯里的水重新倒回最初的量筒中，比较水面的高度是否一致。

结果

▲ 水面的高度与最初的高度保持一致。

通过实验得知的结论 把加入色素的水倒入不同形状的容器中，水的形状会随容器的形状而发生改变。如果水不溅出的话，水的量是不发生改变的。像水、果汁和牛奶这样虽然形状会随盛放的容器发生改变，但是量本身不变的物质状态称为液体。由于液体没有固定的形状，因此用手是抓不住的。

▲ 虽然容器（固体）可以用手抓住，但是里面的水（液体）却是用手抓不住的。

虽然空气一直存在于我们的身边，但是我们却无法用眼睛看到。那么我们该如何确认空气的存在呢？下面我们就通过气球和风车感受一下空气的存在，并了解空气都有哪些用途。

准备材料 气球、塑料棒、风车图纸、剪刀、图钉

物质·物体和物质

▲ 往气球里吹足气。

▲ 把气球口对着脸，稍微松开手感受带有空气的风。

▲ 制作风车。

▲ 用嘴巴吹气或者带着风车奔跑，尝试各种不同的方式让风车转动起来。

利用空气的物体

汽车轮胎

救生圈

风力发电

电风扇

热气球

通过实验得知的结论 把吹满气的气球口对着脸松开时，可以感受到有空气流动的风吹到脸上。另外，通过风车转动的样子，运动场上旗帜飘扬的样子，还有风筝在天空飞动的样子都可以感受到空气的存在。因此虽然我们无法用眼睛看到空气，但是空气始终都存在于我们的身边。空气呈气体状态，因此没有固定的形状和量，可以用于风力发电、热气球飞行以及轮胎等。

把正方形纸张对折两次，找出中心点。

往后折

两对角从前往后折至中心点，另两个角从后往前折至中心点。

往前折

▲ 折风车的方法

手指伸进去翻开折角，压平。

艺术气球是在气球里打满气之后，用气球制作出各种造型。下面我们就通过艺术气球来了解一下空气的特性。

准备材料 打气筒、艺术气球

① 往长条形气球里打满气，仅留出尾端的一部分。

空气随气球模样的变化而发生变化。

② 拉动气球拧出一个头部。

③ 把气球分成两个部分拧在一起做成耳朵。

④ 修饰一下耳朵的模样。

⑤ 用相同的方法做出身体。

⑥ 拧出前腿。

⑦ 拧出后腿。

⑧ 拧出尾巴。

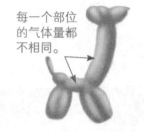

每一个部位的气体量都不相同。

⑨ 气球小狗完成！

通过实验得知的结论 在长条形的气球里打满气之后，对气球进行扭转或捆绑就可制作出各种各样的造型。气球之所以能够做出这些造型，是因为里面有空气的存在。虽然气球里的空气是看不见的，但是空气的模样会随着气球的模样发生改变，而且无论打的气是多是少，空气在气球里都是均匀分布的。拥有与空气相同性质的物质状态称为**气体**。可以说因为气体具有这种性质，人们才能够创造出艺术气球。气体和液体一样都是用手抓不住的。

我们身边的物体都是以固体、液体和气体中的一种状态存在的。参照固体、液体和气体的特征，对以下物质按照状态进行分类。

准备材料 沙子、牛奶、丁烷气、橡皮擦、气球、果汁、剪刀、铅笔

物质·物体和物质

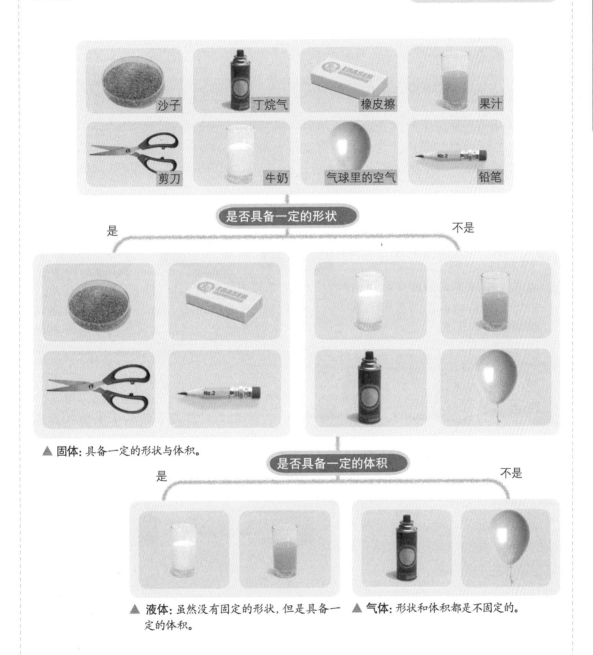

▲ 固体: 具备一定的形状与体积。

▲ 液体: 虽然没有固定的形状, 但是具备一定的体积。

▲ 气体: 形状和体积都是不固定的。

通过观察得知的结论 固体的形状和体积都是固定的，液体虽然没有固定的形状，但是体积是固定的。而气体的形状和体积都是不固定的。根据上述内容我们就可以根据物质的状态，利用其对应的特征对身边的物质按照固体、液体和气体进行分类了。

液体的体积

相同体积的液体放在不同形状的容器中，体积看起来会有所区别。那么应该如何准确地比较液体的体积呢？

15 实验 不同容器中的液体体积

盛放在不同容器中的液体，应该如何比较它们的体积呢？下面我们就用开口大的透明容器和细长的透明容器比较一下液体的体积。

准备材料 不同形状的三个玻璃杯、开口大的透明容器、细长的透明容器、色素或染料、油性笔、水

（甲）　（乙）　（丙）

① 在三个形状不同的玻璃杯中分别倒入等高的水，思考哪个玻璃杯中的水最多。

② 把（甲）里的水倒入细长的容器中，然后用刻度标出水面的高度，把（甲）的水重新倒回原来的容器中，然后以同样的方法分别把（乙）和（丙）的水面高度记录下来。

（甲）　（乙）　（丙）

③ 这次换开口大的容器，把（甲）、（乙）、（丙）的水依次倒入容器中，标注出水面的高度。

通过实验得知的结论 开口大的容器上标注的刻度间距窄，细长的容器上标注的刻度间距宽，所以在比较液体体积的时候，应该选择更容易看出液体体积差异的细长容器。

▲ 开口大的容器上的刻度间距窄。

▲ 细长的容器上的刻度间距宽。

科学家的眼睛

体积和容积

所谓体积是指"物体占据的空间大小"，而容积是指"某一个容器装载空间的最大值"。如上所述，虽然体积和容积在本质上是两个完全不同的概念，但是在日常生活中混淆使用的情况却是随处可见。如右图所示，箱子上用蓝色线条画出来的部分是箱子的体积，而红色线条画出来的部分是箱子的容积。

容积
体积
▲ 体积是指箱子占据的空间，容积则是指这个箱子最大的盛放空间。

通常在测量液体的体积时都需要用到量筒。下面我们就来了解一下量筒的使用方法，并亲自测量一下液体的体积。

准备材料 500ml·250 ml·100ml·50ml量筒各一个，各种类型的饮料

物质·物体和物质

量筒的使用方法

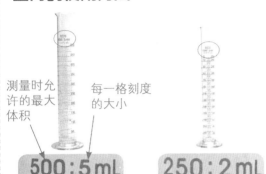

测量时允许的最大体积　　每一格刻度的大小

500：5 mL　**250：2 mL**　**100：1 mL**　**50：1 mL**

▲ 量筒上端的数字，左边的数字是测量时允许的最大体积，右边的数字是指每一格刻度的大小。

▲ 往量筒里倒液体的时候，应倾斜量筒使液体沿着筒壁往下流，最后再用滴管调节准确的液体量。

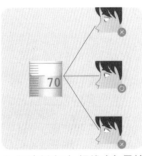

70

▲ 阅读刻度时，视线应与量筒内液体凹液面的最低处保持水平。

如何测量液体的体积

▲ 往量筒里倒入饮料，比较饮料瓶上标注的液体体积和测量出来的液体体积是否一致。

结果

250ml　250　　100

▲ 饮料瓶上标注的液体体积和测量出来的液体体积存在一定的差异。

（通过实验得知的结论）量筒是测量液体体积时常用的工具之一，量筒的形状比烧杯的更加细长，筒壁上标注的刻度也更加精细。在测量液体体积时，应该倾斜量筒让液体沿着筒壁往下流。另外在阅读刻度时，视线应与量筒内液体凹液面的最低处保持水平。

在日常生活中很多时候都需要测量液体的体积，例如做料理的时候，吃药的时候。但是在这些情况中，为什么需要对液体的体积进行测量呢？调查日常生活中需要测量液体体积的情况，并了解一下测量液体体积的原因。

准备材料 量杯、量勺、药瓶、药勺等

做料理的时候

▲ 利用量杯、量勺等对原材料的量进行准确的测量之后再进行制作。

吃药或喂奶粉的时候

▲ 利用药瓶、药勺取适量的药来服用，或用奶瓶测量准确的奶粉量。

加油的时候

▲ 利用电子流量计测定汽油的体积，并计算出准确的油费。

洗衣服的时候

洗衣量	标准使用量
7.6kg以上	约70ml
5.1kg~7.5kg	约57ml
3.1kg~5kg	约35ml
3kg以下	约20ml

▲ 根据衣服的数量，用盖子测量出准确的洗涤剂体积放入洗衣机中。

通过调查得知的结论 在日常生活中，很多时候我们都需要对液体的体积进行准确的测量。食物原材料的量不准确的话，做出来的食物就可能会不好吃；吃药的量不准确的话可能会对身体有害；加油时油量不准确的话，加油站会招来顾客的不满。另外如果洗衣服时加入太多的洗涤剂的话，不仅衣服上残留的洗涤剂会损伤皮肤，污水中的洗涤剂还会对环境造成污染。

▲ 在实验室里，使用药品的量一定要准确。

▲ 做料理的时候，原材料的量一定要准确。

▲ 在医院里，用药的量一定要准确。

18 实验 制作自己的液体体积测量工具

尝试制作一个属于自己的，可以测量液体体积的工具，并用制作出来的工具测量一下液体的体积。

准备材料 塑料杯、药瓶、彩纸、油性笔、剪刀

药瓶

① 用药瓶量出50ml的水倒入杯中。

彩纸

② 把彩纸剪成直角三角形，并用油性笔写上数字"50"之后贴在杯子上。

写有刻度的彩色纸

③ 重复①、②两个步骤，在逐渐升高的水面上标注出更多的刻度。

④ 尝试用自己制作的液体体积测量工具，测量各种液体的体积。

通过实验得知的结论 我们可以利用身边的容器制作出属于自己的液体体积测量工具。在制作测量工具的时候，需要使用一个体积准确的容器。制作之前首先要确定每一个刻度的值是多少，测量时允许的最大体积是多少，以及要选择什么样形状和大小的测量工具。刻度的值越小，测量出来的体积就越准确。

科学家的眼睛

滴定管和吸量管

除了量筒以外，常用的测量液体体积的工具还有滴定管和吸量管。滴定管是呈吸管状的长玻璃管，上面标注有精细的刻度，通常是在取定量液体时使用的。吸量管是可用于吸取液体的工具，分为可吸取定量液体的单标线吸量管，以及标有明确刻度的分度吸量管。

滴定管

▲ **滴定管:** 打开阀门放出定量的液体。

吸量管

▲ **吸量管:** 堵住吸量管一端的手松开之后，吸量管里的液体就流出来了。

气体的体积和重量

空气始终包围在我们的身边。我们在呼吸的时候吸入的是气体，呼出的也是气体。那么气体有体积和重量吗？

19 实验 看一看杯子里的纸船

在水缸里放一只纸船，把塑料杯倒扣在纸船上往下按，观察纸船位置的变化以及水缸水位的变化，以此了解空气的性质。

准备材料 两个水缸、水、两只纸船、锥子、油性笔、两个透明的塑料杯

① 在两个水缸中分别注入2/3的水，并在水缸外壁上标出最初的水面高度。

② 两个塑料杯，一个用锥子在底端钻孔，另一个不钻孔。

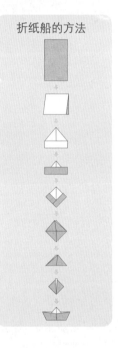

折纸船的方法

③ 折好两只纸船，分别放在两个水缸中并使纸船漂浮在水面上。

④ 把底端有孔和底端无孔的两个塑料杯分别倒扣在纸船上，然后慢慢地往下按。

科学家的眼睛

气体

我们身边最常见的气体就是空气。空气是由氮气、氧气、氩气和二氧化碳等各种气体组合而成的混合物。气体的分子可以自由活动而且速度相当之快，因此气体与固体不同，没有固定的形状或形态。由于气体具有这样的性质，所以方形容器里的气体就是方形的，柱形容器里的气体就是柱形的。也就是说，气体的形状会随容器的形状发生改变，而且容器的容积就等于气体的体积。

利用气体的例子

膨化食品包装里的气体可以防止零食被压碎。

在运动鞋后跟充入气体可以减少脚部受到的冲击力。

按摩小腿肚的仪器里也充入了气体。这个仪器就是利用被空气撑大的部分对腿部进行按摩的。

物质·物体和物质

用底端无孔的塑料杯扣住纸船往下压时

① 用底端无孔的塑料杯扣住纸船。

② 把杯子往下压。

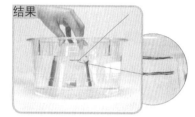

结果

▲ 纸船被压到了水缸的底端，水位也升高了。

用底端有孔的塑料杯扣住纸船往下压时

① 用底端有孔的塑料杯扣住纸船。

② 把杯子往下压。

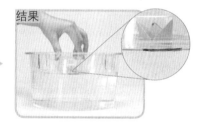

结果

▲ 纸船的位置和水位都没有发生变化。

〈杯中纸船的位置变化和水缸内水位的变化〉

区分	用底端无孔的塑料杯	用底端有孔的塑料杯
杯中纸船的位置	纸船被压到了水缸的底部。	纸船的位置不变。
杯中的水	水没有进入杯子里。	杯子里灌满了水。
水位的高度	水位逐渐升高。	水位不变。

通过实验得知的结论 用底端无孔的塑料杯扣住纸船往下压时，由于杯中充满了空气，水无法进入杯子里。而用底端有孔的塑料杯扣住纸船往下压时，由于空气从孔中被排了出去，因此多出来的空间就被水填满了。由此可知，杯中是被空气填满的，也就是说气体和固体、液体一样是有体积的。

用一次性塑料手套和塑料瓶制作一个广告气球。把塑料瓶放入装有水的水缸中，上下移动观察塑料手套的变化，并尝试以此来证明空气是占据空间的。

准备材料 一次性塑料手套、水缸、油性笔、1.5L塑料瓶、剪刀、橡皮筋

① 用油性笔在塑料手套上画出自己喜欢的广告图案。

② 用剪刀把塑料瓶的底端剪掉。

③ 用橡皮筋把一次性塑料手套固定在塑料瓶的瓶口上。

④ 把塑料瓶立起来，放入装有水的水缸中，用力往下压塑料瓶。

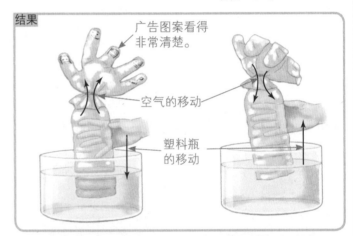

结果

广告图案看得非常清楚。

空气的移动

塑料瓶的移动

▲ 把塑料瓶往下压时，塑料手套里充满了空气，变得鼓鼓的。

▲ 把塑料瓶抬起来时，塑料手套里的空气排出，手套瘪了。

通过实验得知的结论 如果把塑料瓶往下压，塑料手套里就充满了空气；如果把塑料瓶抬起来，就会看到塑料手套重新变得皱巴巴的。这样的现象就证明了空气是占据一定空间的。

当塑料瓶下压时，水进入瓶内把原本瓶内的空气往上推，这些空气在推力的作用下进入塑料手套之后，空气占据了手套里的空间，手套变得鼓鼓的。相反，当塑料瓶往上抬的时候，占据瓶内空间的水流出之后，塑料手套里的空气又重新回到了塑料瓶里。也就是说，空气的体积并没有发生改变，只是由于空气占据的空间变大之后，塑料手套自然就瘪了。大家应该都看过在大街上甩着身子跳舞的广告气球人。广告气球人的身子之所以能上上下下晃动，做出类似跳舞的动作，就是因为在气球的下端有一个往广告气球里吹风的机器。机器一会儿往气球里吹气，一会儿又往外吸气，所以我们看到的广告气球人才能够跳起舞来。

利用电子秤分别测量一下皮球在打气前和打气后的重量，通过这个实验了解一下气体是否有重量。

准备材料 皮球、打气筒、电子秤

物质·物体和物质

① 把还没有打气的皮球放在电子秤上称量重量。

② 用打气筒往皮球里打满气。

③ 把打满气的皮球再放在电子秤上称量重量。

结果

▲ 打气之前的皮球重量为104g。

结果

▲ 打气之后的皮球重量为108g。

通过实验得知的结论 皮球在打满气之前重量为104g，打满气之后重量变成了108g。也就是说，皮球里空气的重量为4g，由此可知空气也是有重量的。然而在日常生活中，由于我们时时刻刻被空气包围着，我们的身体早已经熟悉了空气的重量，因此几乎是感觉不到的。

科学家的眼睛

守护生命的汽车气囊

汽车在发生碰撞的时候，汽车前端会弹出气囊。这些气囊可以防止人们在汽车碰撞事故中受到严重的伤害，守护人们的生命。气囊利用的就是气体体积的原理，汽车气囊里含有能够生成氮气的物质。汽车在发生碰撞时产生的火花与这些物质发生反应，能够在0.03秒的时间内生成氮素气体。这些气体会迅速进入气囊中，几乎是在发生碰撞的同时使气囊膨胀起来。气囊的主要作用是在汽车发生碰撞事故时，减少人体受到的冲击，预防人身伤害的发生。

混合物

在往刨冰里加入各种材料之前和之后，刨冰的颜色、形状和味道是否有区别？

 22 实验 **制作水果沙拉**

尝试制作水果沙拉，观察在变成水果沙拉之前和之后，水果状态发生了哪些变化，以此了解什么是混合物。

准备材料 苹果、圣女果、猕猴桃、葡萄等各种水果以及沙拉酱

① 观察准备好的水果的颜色和味道。

② 把水果混合在一起。

③ 往水果里加入沙拉酱。

▲ 苹果：呈黄色，味道发甜。

④ 把水果和沙拉酱搅拌均匀之后，再观察沙拉的颜色和味道。

▲ 圣女果：呈红色，味道发甜。

▲ 猕猴桃：呈青绿色，味道又酸又甜。

▲ 葡萄：呈紫色，味道发甜。

通过实验得知的结论 水果沙拉是把苹果、圣女果、猕猴桃、葡萄等各种水果和沙拉酱混合在一起制作而成的。像水果沙拉这种由两种以上的物质混合而成的物质称为**混合物**。水果的颜色和味道在制成水果沙拉之前和之后并没有发生太大的变化，只是在吃水果沙拉的时候，先尝到的是沙拉酱的味道，然后才是水果本身的味道。即水果在混合之前和混合之后，本身的性质并没有发生变化。

在日常用品中，有多少东西是混合物呢？调查一下我们身边的物品都是由什么物质组成的，看一看有哪些是混合物。

准备材料 酸奶瓶、零食、果汁、方便面、锡箔纸

◀ 酸奶瓶是由一种名为聚苯乙烯的物质构成的纯净物。

柠檬果味饮料浓浆
配料表：液体葡萄糖、水、白砂糖、柠檬汁、食品添加剂（柠檬酸、羧甲基纤维素钠、、山梨酸钾、糖精钠、安赛蜜、食用香精）

▲ 果汁是由各种物质混合而成的混合物。

●配料表：小麦粉、植物起酥油、白砂糖、鸡蛋、麦芽糖浆、食品添加剂（山梨糖醇液、单硬脂酸甘油酯、丙二醇脂肪酸酯、蔗糖脂肪酸酯、山梨醇酐单硬脂酸酯、β-胡萝卜素）、植物油、蛋黄粉、全脂加糖炼乳、蜂蜜、全脂乳粉、低聚异麦芽糖、稀奶油、白兰地、食用盐、食用香料。 蛋白质含量(糕坯)(干基计)/(%)≥6.0 含有麦麸质的谷类食物,蛋类及蛋类制品,奶类及奶类成份,大豆及其制品

▲ 零食是由各种物质混合而成的混合物。

面饼：小麦粉、精炼棕榈油（含维生素E）、淀粉、食用盐、食品添加剂（瓜尔胶、碳酸钾、碳酸钠、六偏磷酸钠、磷酸二氢钙、三聚磷酸钠、焦磷酸钠、谷氨酸钠、5-呈味核苷酸二钠、栀子黄、核黄素）、精炼牛油、姜、辣椒。
酱 包：精炼棕榈油(含维生素E)、葱、食用盐、牛肉、大蒜、食品添加剂(谷氨酸钠)、精炼牛油、姜、辣椒。
粉 包：食品添加剂(谷氨酸钠,5′-呈味核苷酸二钠,焦磷酸,玻璃酸二钠)麦芽糊精、食用盐、香辛料、白砂糖、牛肉调味粉(牛骨抽出物,牛骨油,酱油,麦芽糊精、食用盐、谷氨酸钠、5′-呈味核苷酸二钠)、酵母提取物。
蔬菜包：脱水高丽菜、脱水胡萝卜、脱水葱。

▲ 方便面和调料包都是由各种物质混合而成的混合物。

通过调查得知的结论 察看产品的包装就可以找到每种产品都是由哪些物质构成的。酸奶瓶是由一种名为PS的单一物质构成的，锡箔纸也是单纯由锡构成的纯净物，而零食却是由鸡蛋、全脂奶粉等构成。果汁是由柠檬酸、合成香料等构成；方便面是由面粉和各种食品添加剂等构成的混合物。由此可知，我们身边的许多东西都是由多种物质构成的混合物。

科学家的眼睛

纯净物和混合物

我们身边的物品大体上可以分为纯净物和混合物两大类。纯净物是指像水、盐、纯金、木材等，仅由一种物质构成的物质；而混合物则是指由两种以上的纯净物混合而成的物质。我们每天都在用的铅笔就是由木材和一种名为石墨的物质构成的混合物。而且混合物又可以根据所含物质混合的均匀程度，分为均匀混合物和非均匀混合物。像空气、糖水、酱油等由纯净物均匀混合而成的混合物就称为均匀混合物。与之相反的是类似静置之后会出现粉末沉积物的可可饮料，这种混合不均匀的混合物就称为非均匀混合物。

物质 → 纯净物 / 混合物 → 均匀混合物 / 非均匀混合物

物质·物体和物质

混合物的分离

有没有什么方法可以把掉进干草堆中的针找出来？
溶解到水中的盐分还可以重新提取出来吗？

24 观察 混合物在一起找不同

观察大豆、大米、小米的混合物，通过了解各物质的特征找出大豆、大米、小米之间的不同。

准备材料 大豆、大米、小米、盘子

◀ **大豆**
呈圆球形，颗粒最大。

◀ **大米**
呈细长的圆球形，颗粒比大豆的小，比小米的大。

◀ **小米**
呈圆球形，颗粒最小。

通过观察得知的结论 观察大豆、大米、小米会发现虽然这三种物质的颗粒都是呈圆球形的，但颜色和颗粒大小都存在一定的区别。然而虽然用眼睛可以非常轻松地把这三种物质区分开来，但是要用手——进行分离却不是一件易事。在大豆、大米、小米的混合物中，能够将三种物质分离开来的最大特征就是颗粒的大小。

科学家的眼睛

为什么要对混合物进行分离

我们身边的大部分物质都是以混合物的状态存在的。因此为了得到我们想要的物质，很多时候都需要对混合物进行分离。例如，在生活用品、建筑物和艺术品中经常使用到的铁就是一种生活必备的金属。而铁就是从铁矿石中分离出来的。铁的提炼方法是把铁矿石放进熔炉中，通过往熔炉里充入125℃的空气使铁矿石熔化来获取纯铁。在对混合物进行分离的时候，需要根据混合物中所含物质的性质来选择合适的方法。例如，颗粒的大小，是否可以被磁铁吸附，是否溶解于水或者物质之间彼此不相溶的性质，利用好这些性质就可以轻松地对混合物进行分离。

▲ 在熔炉中分离出的纯铁。

25 实验 混合物的分离

尝试对大豆、大米、小米的混合物进行分离，了解利用混合物颗粒大小的不同对混合物进行分离的方法。

准备材料 大孔的筛子、小孔的筛子、托盘或盘子、白纸

先用小孔筛子进行分离的情况

▲ 先把混合物放入小孔的筛子里轻轻晃动，小米就会从筛子里掉出来。

▲ 然后再把剩余的混合物倒入大孔的筛子里轻轻晃动，大米就会从筛子里掉出来，最后剩下的就是大豆。

先用大孔筛子进行分离的情况

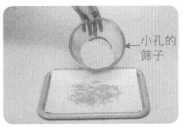

▲ 先把混合物放入大孔的筛子里轻轻晃动，小米和大米就会从筛子里掉出来。

▲ 然后再把小米和大米的混合物倒入小孔的筛子里轻轻晃动，小米就会从筛子里掉出来，最后剩下的就是大米。

通过实验得知的结论 对颗粒大小各不相同的大豆、大米、小米的混合物进行分离时，利用孔洞大小不同的筛子就可以轻松完成分离工作。在这里应注意，选用的大孔筛子应该允许大米和小米通过，大豆不能通过。而小孔的筛子只能允许小米通过，大米和大豆都不能通过。先用小孔的筛子的话，先分离出来的就是小米，然后再用大孔的筛子对大米和大豆进行分离。如果先用大孔的筛子的话，先分离出来的就是大豆，最后再用小孔的筛子对大米和小米进行分离即可。

科学家的眼睛

利用颗粒大小进行分离的例子

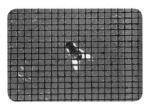

◀ **防虫网**
防虫网的孔洞非常小，空气可以轻松通过，但昆虫就无法通过了。

◀ **硬币分离机**
利用硬币大小的差异对硬币进行分离的仪器。

利用分离装置可以从泥水中把泥土和水分离出来。此时从泥水中分离出来的水是什么颜色呢？了解制作过滤装置的方法，并尝试用自己制作的过滤装置把泥水中的泥土和水分离出来。

准备材料 滤纸、两个烧杯、泥土、水、勺子、搅拌棒、支架

制作过滤装置

① 用滤纸折出漏斗的形状。

② 把滤纸垫在漏斗里。

③ 把过滤装置安装在支架上，注意漏斗的底端要贴住烧杯的杯壁。

分离泥水

① 用泥土和水混合成泥水。

② 用制作好的过滤装置分离泥水。

▲ 泥土留在滤纸上，烧杯里是过滤出来的水。

通过实验得知的结论 过滤之前泥水颜色较深且浑浊，用过滤装置过滤之后，泥土被滤纸过滤了出来，通过滤纸进入烧杯的水重新变得清澈。利用滤纸来分离混合物的过滤装置利用的也是混合物所含物质颗粒大小不同的性质。由于滤纸的缝隙比水分子大，比泥土分子小，因此泥土都留在了滤纸上面，分子较小的水都透过滤纸聚集在了烧杯里。

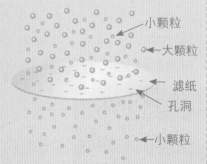

27 实验 分离沙子和铁粉的混合物

观察沙子和铁粉，尝试对沙子和铁粉的混合物进行分离。

准备材料 沙子、铁粉、三个培养皿、磁铁、塑料膜

观察沙子和铁粉

◀沙子
颜色发黄，颗粒较小，不会吸附在磁铁上。

铁粉▶
颜色发黑，颗粒比沙子的小，容易吸附在磁铁上。

（图中标注：磁铁、培养皿、沙子；磁铁、铁粉）

分离沙子和铁粉的混合物

（图中标注：沙子和铁粉的混合物）

① 用塑料膜把磁铁包裹起来。

② 把沙子和铁粉混合起来之后，用磁铁在混合物里搅拌。

③ 把磁铁移至空的培养皿，揭下塑料膜，把铁粉分离出来。

通过实验得知的结论 沙子不会吸附在磁铁上，但铁粉很容易就会被磁铁吸走。利用这一性质就可以对沙子和铁粉的混合物进行分离。实验中用塑料膜把磁铁包裹起来是为了更加轻松地取下铁粉。

科学家的眼睛

分离稻谷里的铁粉

我们每天都在吃的大米，在生产过程中就需要用磁铁棒把大米里面的混合物分离出来。稻谷由稻壳、米糠层、胚（谷胚）和胚乳组成，想要得到干净的大米需要去除掉稻谷外层的稻壳和米糠层，这个过程被称为**捣米**。但是由于使用了机器进行加工，对稻谷进行加工时，大米中经常会混入铁粉。因此在完成其他的加工步骤之后，最后一道工序就要用磁铁棒把附着在大米表面的铁粉清除干净。

利用磁铁棒吸除沾在大米上的铁粉。

观察水和食用油的混合物，尝试用滴管把水和油分离开来。通过实验了解分离彼此不相溶的液体混合物的方法。

准备材料 两个试管、试管架、烧杯、滴管、水、食用油、支架、分液漏斗、橡胶塞、环形支架

观察水和食用油的混合物

① 在两个试管中加入水和食用油进行混合，食用油的量不同。

② 用橡胶塞塞住试管轻轻地晃动，观察水和食用油的混合物。

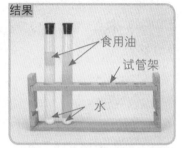

▲ 水和食用油的混合物静置之后，水和食用油会自动分离开，而且无论食用油的量是多是少，都位于水的上面。

分离水和食用油的混合物

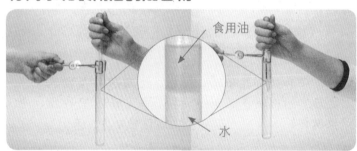

▲ 利用滴管吸出位于上层的食用油，或位于下层的水，以此来进行分离。

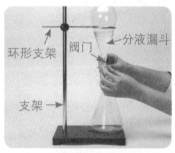

▲ 还可以用分液漏斗对该混合物进行分离，把水和食用油的混合物倒入分液漏斗，打开阀门之后水就会流到下层。

通过实验得知的结论 食用油不溶于水，而且质量比水轻，所以才会漂浮在水面上。如果想通过倾斜试管把水和食用油分离开的话，倾倒的时候，水和食用油可能会一同流出来。因此需要用滴管把位于上层的食用油或位于下层的水吸出来，或者用分液漏斗把位于下层的水单独分离出来。此外，还可以利用吸油布把食用油从水中分离出来。吸油布是一种只吸收油分的布料，把水油混合物倒在像培养皿一样宽敞的容器中，使油分在水面铺开，然后再用吸油布进行分离是非常方便的。但是不利之处是吸收来的油分无法单独搜集起来。

▲ 水和食用油一同流了出来。

从海水中提取盐分的原理是什么？通过从盐水中分离盐分的实验，掌握利用水的蒸发分离混合物的方法。

> 准备材料　盐、水、烧杯、药勺、玻璃棒、蒸发皿、酒精灯、三脚架、石棉网、坩埚钳

① 把盐放入水中搅拌溶解，制成盐水。

② 把盐水倒入蒸发皿中。

③ 对装有盐水的蒸发皿进行加热。

结果

▲ 在对盐水进行加热的过程中，蒸发皿中的水变得越来越少。

▲ 水煮沸之后，蒸发皿壁上开始出现盐块。

▲ 水蒸发完之后，蒸发皿壁上的盐开始迸起。

通过实验得知的结论　对倒入盐水的蒸发皿持续进行加热，蒸发皿里的水变得越来越少，蒸发皿壁上开始出现白色的物质。继续加热直至水分蒸发完，蒸发皿壁上的白色物质开始迸起，由此我们就可以判断出这些白色的物质就是盐分。

这个分离方法利用的是水和盐的沸点不同的原理。水的温度达到100℃时就会沸腾，而盐的沸点却相当高，因此把盐水倒入蒸发皿，加热之后水都蒸发掉，剩下的就只有盐分了。

科学家的眼睛

海水淡化装置

在沙漠覆盖、水资源紧缺的中东地区，人们对因为含有盐分等其他物质而无法饮用的海水进行处理，生产出可以饮用的水，这个过程称为海水淡化。海水淡化方法中的一种就是蒸发法。蒸发法就是对海水进行加热，把蒸发出来的水蒸气搜集起来重新变成水的过滤方法。

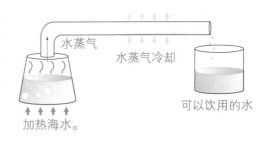

水蒸气
水蒸气冷却
可以饮用的水
加热海水。

利用前面学过的分离混合物的方法，尝试对由大豆、沙子、盐和铁粉混合而成的混合物进行分离。

准备材料 大豆、沙子、盐、铁粉、蒸发皿、筛子、磁铁、酒精灯、漏斗、滤纸、支架、烧杯、塑料膜、药勺、石棉网、玻璃棒

① 将大豆、沙子、盐和铁粉混合在一起。

② 用包裹着塑料膜的磁铁靠近①中的混合物。

结果

▲ 混合物中的铁粉被分离了出来。把塑料膜揭下来之后，铁粉也跟着掉下来。

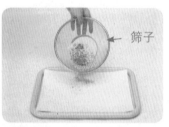

筛子

③ 用筛子过滤混合物。

结果

沙子和盐

▲ 混合物中的大豆留在了筛子里，被分离了出来。

先用筛子分离出大豆，然后再用磁铁分离出铁粉也是一样的。

沙子和盐

④ 把沙子和盐的混合物放入水中。

结果

▲ 沙子不溶于水，盐溶解在了水中。

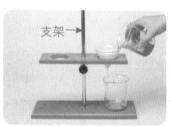

支架

⑤ 用过滤装置进行过滤。

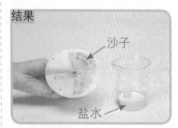

结果

沙子

盐水

▲ 沙子被滤纸过滤了出来，分离出了盐水。

蒸发皿

⑥ 把盐水倒入蒸发皿，对蒸发皿进行加热。

结果

盐

▲ 水蒸发完之后，剩下了盐。

混合物的分离过程

通过实验得知的结论 为了对大豆、沙子、盐和铁粉的混合物进行分离，首先需要了解每一种物质的特性。大豆的颗粒比其他三种物质的颗粒要大，铁粉可以吸附在磁铁上，沙子的颗粒虽然很小但是不溶于水，盐虽然溶于水但是沸点非常高。根据上述特性，我们可以利用磁铁、筛子、过滤装置和加热装置对混合物中的构成物质进行逐一的分离。像这样了解了每一种物质的特性之后，即使混合了再多物质的混合物也可以轻松地完成分离工作。

科学家的眼睛

原油的分离

　　原油也是由多种物质组成的混合物。在对原油进行分离的时候，利用原油中所含物质沸点不同的性质，需要经过略微复杂的工序进行提炼分离。所谓沸点是指液体开始沸腾并变成气体的温度。因此如果对原油进行加热的话，沸点最低的物质最先变成气体上升至蒸馏塔的顶端被分离出来，这时我们得到的物质称为LPG，就是所谓的液化石油气。按照同样的方式不断对原油进行加热，按照沸点的顺序我们还依次可以得到汽油、煤油、柴油、重油等物质。在这个过程中沸点越高的物质在蒸馏塔中的位置就越低。从原油中分离出来的物质可以作为汽车的燃料或者家庭燃料来使用，分离后剩下的渣油还可以用于铺设柏油路。

▲ 原油是液化石油气、汽油（挥发油）、煤油、柴油、重油等物质的混合物，可以利用原油中所含物质沸点不同的性质对原油进行加热分离。

观察豆腐的制作过程，看整个制作过程中都使用了哪些混合物的分离方法。

准备材料 大豆、搅拌机、纱布、锅、卤水、牛奶盒、加热工具、锥子、汤勺或勺子、盘子

① 把大豆清洗干净，放在水中浸泡一天之后用搅拌机绞碎。

② 往绞碎的大豆里倒入清水煮沸。

③ 把纱布盖在大碗上进行过滤。
▲ 把残渣和浆液分离开来。

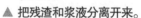

④ 把用纱布过滤后的浆液重新倒入锅里加热。

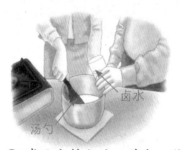

⑤ 煮几分钟之后，关火，往浆液里慢慢地倒入卤水，用汤勺搅拌直到浆液开始出现凝结，停止搅拌。

⑥ 在空牛奶盒的底部钻出一个洞。

⑦ 在牛奶盒里铺上纱布，把凝结的浆液倒入其中。
▲ 获取豆蛋白的凝块。

⑧ 在牛奶盒上放一个装满水的杯子。

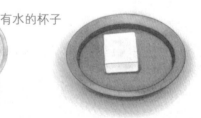

⑨ 等一会儿取出，豆腐就完成了！

通过实验得知的结论 往绞碎的大豆里加水，一部分溶于水的物质就会溶解在水中，在步骤③中用纱布把溶于水的物质和不溶于水的物质分离开来。对过滤出来的浆液重新进行加热，再加入卤水之后就开始出现豆蛋白质凝块，并在步骤⑦中获取这样的凝块。这时为了让水尽量全都被排出去，就在凝块上面放了一个重物（装满水的杯子）。由此可知在豆腐的制作过程中，应用到的混合物分离原理有物质是否溶于水的性质，以及物质颗粒大小的差异。

资源的循环、再生和再利用

生活中最常见的混合物分离就是对垃圾的分离。因为对垃圾进行分离之后就可以制造出新的可再生的资源，实现资源的再利用。像这种对垃圾的再次利用，或者用于制造新资源的过程就称为**资源的循环**。

资源的循环方法可以分为再生和再利用两种。**再利用**（reuse）是指将要丢弃的东西经过处理，以相同的方式进行重新利用。例如电视、冰箱、电脑、衣物捐赠、玻璃瓶等就属于再利用的范畴。**再生**（recycling）是指将要丢弃的东西用特殊方法进行加工之后，重新使用在其他地方上。例如，废旧的报纸可以重新制作成纸箱等物品，塑料瓶经过加工则可以成为建筑材料的添加物。但对两种方法进行比较会发现，再生需要投入新的资源对已丢弃的东西进行处理，而再利用则无需经历什么特殊的过程，因此可以节约更多的资源。所以按照正确的方法和不同的种类对垃圾进行分离是非常重要的一个步骤。垃圾的再生和再利用不仅可以节约资源，还可以拯救正在被垃圾逐渐破坏的地球环境。

分类	正确的垃圾再利用方法		
纸张	报纸按照一定的量扎成一捆。	有塑料覆膜的书本应将封面撕下之后再丢弃。	牛奶盒洗干净之后晾干压平。
玻璃	玻璃瓶不要和盖子一起丢弃。	玻璃瓶按颜色分类丢弃。	不要在瓶内放置异物。
塑料	揭下贴在外壳上的商标。	看清楚瓶体上是否有再利用标识。	用于包装的塑料泡沫让卖家亲自回收。
易拉罐	把易拉罐的盖子放进易拉罐里。	煤气罐开口之后压扁。	
衣物捐赠	交换衣服来穿。	纽扣和拉链可以拆下来单独保管。	衣服叠放整齐之后扎成一捆。

物质·物体和物质

我们的生活和水

在我们的身边，水都以哪些形态存在着？我们使用的水又是什么样的？

32 实验 水的三种状态

水是我们日常生活中非常重要的资源之一。了解水的三种状态和相应的特征，并调查它们在生活中的应用案例。

准备材料 各种状态水的图片

冰

在0℃以下的环境中存在的水的固体状态，与盛放的容器无关，具有一定的形状和体积。

海鲜产品保鲜　　用冰制作的雕刻作品　　因纽特人居住的冰房子

室温下水呈无色、无臭、无味的液体状态，没有固定的形状，因此会随着盛放容器的形状而发生改变，但具有固定的体积。

水

灌溉植物的水　　游泳池的水　　饮用的水

水蒸气是水的气体状态，无色、无臭，既没有形状也没有体积，随着盛放容器的形状而发生改变。

白色的雾是液体的水！

无色的部分是气体的水蒸气！

水蒸气

加湿器

蒸汽熨斗

蒸锅

通过实验得知的结论 水在地球上有三种存在状态，分别是固体的冰、液体的水和气体的水蒸气。冰具有一定的形状和体积；水没有固定的形状，但是有体积；水蒸气既没有形状，也没有体积。不同形态的水，应用范围也是不同的。

测量刷牙时使用的水的总量，了解有哪些节约用水的方法。

准备材料 洗脸盆、手表、1.5L容量的塑料瓶、杯子、牙刷、牙膏、漏斗

物质·水

测量刷牙时的用水量

① 记录平时刷牙所用的时间。

② 按照刷牙的时间打开水龙头放水，并用洗脸盆把水接起来。

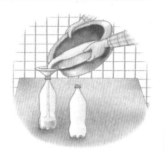

③ 把洗脸盆里的水倒入容量为1.5L的塑料瓶中。

④ 用水杯接水来刷牙，记录刷牙时用了几杯水。

⑤ 把相应杯数的水倒入容量为1.5L的塑料瓶中。

结果

▲ 用洗脸盆接的水可以装满4个塑料瓶。也就是说开着水龙头刷牙会浪费非常多的水。

◀ 用杯子接水刷牙的时候，用的水只能装满半个塑料瓶。也就是说用杯子刷牙可以节约用水。

自来水的节约用水方法

▲ 洗脸或洗碗的时候把水接在水池里再洗。

▲ 洗澡的时候把放水的时间减半。

▲ 在马桶的水箱里放一个装满水的塑料瓶或一块砖头。

通过实验得知的结论 刷牙的时候不要一直开着水龙头，用杯子接水来用的话可以节约70%~80%的水。在日常生活中，洗脸或洗碗时把水接在水池里再洗，洗澡时把放水的时间减半，在马桶的水箱里放一个装满水的塑料瓶都可以节约用水。除此之外，使用合成洗涤剂时不要过量、安装节水器等都是有效的节水方法。

水和冰

装满水的水瓶冰冻起来的话经常会裂开。为什么会发生这种情况呢？

34　观察　观察水和冰

观察水和冰，以及水在结成冰时会发生哪些变化。

准备材料　冰、水

固体的冰加热后就变成了液体的水。

液体的水在低温环境（低于0℃）下会结成固体的冰。

日常生活中水冰转化的现象

▲ 寒冷的冬天江水会结成冰，春天的时候又重新融化成水。

▲ 寒冷的冬天下的雪，如果周围温度升高的话雪就会融化。

〈水和冰的特征〉

区分	水	冰
形状	· 形状随容器的变化而变化。 · 没有固定的形状。	· 形状不随容器的变化而变化。 · 具有固定的形状。
颜色	· 透明。 · 没有颜色。	· 边缘部分透明。 · 冰块的中心部分呈白色。
触感	· 触感随水温而改变。	· 冰凉、坚硬。

通过观察得知的结论　固体的冰具有固定的形状，液体的水形状随容器的变化而变化。冰受热会变成水，水置于0℃以下就会凝结成冰。

科学家的眼睛

冰为什么会看起来发白

冰是水的固体形态，1气压且为0℃的环境下开始形成，仅存在于0℃以下的环境中。冰和水一样都是无色透明的，但是为什么冰的中间部位看起来是白色的呢？那是因为水里面含有空气的成分。水在结冰的过程中，溶解在水中的空气没能逃出去就形成了一些极小的空间。当光穿透这些空间的时候就会让冰看起来是发白的。尤其是当水从外部开始结冰的时候，空气聚集到了冰块的中间位置，因此通常冰块的中间看起来更白一些。为了得到清澈透明的冰块，在结冰之前可以先把水煮沸，把水中的空气快速地排出去，或者让水慢慢地结冰，给空气足够的时间从水中逃离。

观察当水结成冰后质量和体积都发生了哪些变化。

准备材料 电子秤、橡胶塞、试管、玻璃棒、盐、冰、烧杯、油性笔、水

物质·水

① 在带有橡胶塞的试管里装入一半的水，并用油性笔标出水面的高度。

② 用电子秤测量装水试管的重量。

③ 在烧杯里加入冰块和盐，用玻璃棒搅拌均匀。

④ 把装水的试管放进装有冰块和盐的烧杯中。

⑤ 观察试管中水的体积发生了怎样的变化。

⑥ 再用电子秤测量装水试管的重量。

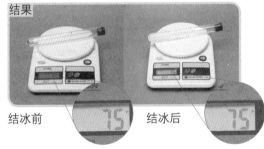

结果

结冰前 75 结冰后 75

▲ 水在结冰前和结冰后的重量变化
水结冰前和结冰后的重量不变。

结果

结冰前　结冰后

▲ 水在结冰前和结冰后的体积变化
水结冰后的体积比结冰前的大。

注意 注意在实验中，如果试管表面有水珠，会影响测量的准确性，因此在测量之前务必将水珠完全擦干净。

通过实验得知的结论 水从试管的外侧开始结冰，直到内部也完全结冰之后冰块会变得不透明。实验结果显示，水结冰前和结冰后的重量没有发生变化，由此可知当水的状态发生变化时，重量不会随之发生变化。而水的体积在结冰之后相较结冰之前变大了。因此装满水的瓶子放在冰箱的冷冻室里会冻裂，冬天水管会开裂都是由于水结冰之后体积变大。

在生活中经常会看到水结冰之后体积变大的现象。我们可以在常见的饮料瓶上验证水结冰体积变大的原理。尝试在饮料瓶里加水，再冰冻起来，看饮料瓶会发生什么样的变化。

准备材料 带盖的空塑料瓶、水、冰箱

① 在空饮料瓶里倒满水，用盖子把瓶子盖紧。

② 把装满水的饮料瓶放进冰箱的冷冻室。

③ 一天之后取出，观察饮料瓶的样子。

结果

▲ 水结冰之后体积变大，饮料瓶因此而裂开了。如果是塑料瓶，则会发生膨胀。

通过实验得知的结论 如果在空饮料瓶里灌满水再放进冷冻室里的话，等水结冰之后饮料瓶就会开裂。发生这种现象的原因是，水结冰之后体积会变大。现实生活中冬天水管出现开裂，装满水的酱缸出现裂纹等现象都是出于同样的原因。因此人们在用容器盛放果汁或水的时候，总会在容器里留出一些空间。市面上销售的罐装饮料和软管冰激凌不装满也都是出于同样的原因。为了防止在冰冻的时候饮料罐开裂或软管撕裂，在灌装的时候总是留出一些空间。

为了防止在冰冻的时候饮料罐开裂或软管撕裂，瓶内总是留有多余的空间。

饮料瓶

软管冰激凌

正在融化的冰川

水里的冰即使融化了，水面的高度也不会发生改变。但是为什么说冰山融化了海平面会上升呢？原因是南极和北极在地形上存在一定的差异。北极是一片汪洋，即使冰山融化了，整体的水位也不会发生变化。但是南极是由陆地组成的，因此如果存在于陆地上的冰山融化流入大海里的话，海平面就会升高。即地球温暖化导致的海平面升高不是因为海里的冰山融化造成的，而是陆地上的冰山融化使海洋的水量增多而造成的。

▲ 陆地上的冰山逐渐融化，海平面因此而逐渐升高。

冰在0℃以上的环境中就会融化成水。观察冰在融化成水后，质量和体积的变化。

准备材料 电子秤、油性笔、铁丝、量筒、冰、水

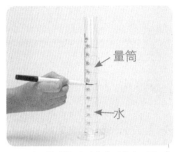

① 在量筒里倒水并标注出水面的高度。

为了让冰沉入水底，所以用铁丝绑起来。

铁丝
冰

② 用铁丝把冰块绑起来。

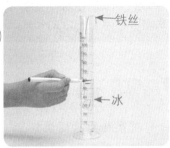

铁丝

冰

③ 把用铁丝绑好的冰块放入量筒中，标注出水面的高度。

④ 测量放入用铁丝绑好的冰块之后量筒的重量。

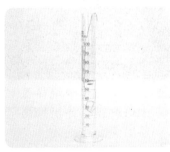

⑤ 冰块完全融化之后，观察体积的变化。

⑥ 测量放有铁丝的量筒的重量。

结果

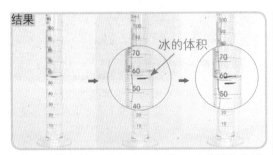

冰的体积

放入冰块之前　放入冰块之后　冰块融化之后

▲ 水面上升的高度就是固体冰块的体积。等冰块全部融化之后，水面高度略微下降。

结果

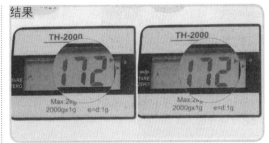

放入用铁丝绑好的冰块之后量筒的重量　冰块融化之后放有铁丝的量筒的重量

▲ 冰块完全融化之后，重量不变。

通过实验得知的结论 冰块融化之后，水面的高度会比冰块刚放进去的时候略低一些。由此可知，等质量的冰体积比水的体积大。另外，放入冰块的量筒的重量在冰块融化之后并没有发生变化。原因是即使冰融化为水，质量依然是保持不变的。综上所述冰融化成水后，体积虽然减小了，但质量是不变的。

物质·水

水和水蒸气

湿衣服上的水都跑到哪里去了？冰水壶从冰箱里拿出来的时候，水壶外壁上的水珠又是从哪里来的呢？

38 实验 水在蒸发时的变化

观察并弄清楚烧杯里的水为什么会逐渐减少，以此了解水在蒸发时会发生哪些变化。

准备材料 两个相同的烧杯、油性笔、保鲜膜、橡皮筋、水

① 往大小相同的两个烧杯里加入等量的水，并用油性笔标出水面的高度。

保鲜膜
橡皮筋

② 给其中的一个烧杯盖上保鲜膜，并用橡皮筋固定。

③ 把两个装有水的烧杯放在光照强烈的地方。

结果

▲ 盖了保鲜膜的烧杯
烧杯内壁上有许多小水珠，水量几乎没有减少。

结果

▲ 没有盖保鲜膜的烧杯
烧杯内壁上没有小水珠，水量减少了。

通过实验得知的结论 没有盖保鲜膜的烧杯，水量随着时间的流逝而不断减少，原因是烧杯里的水变成了气体状态——水蒸气进入了空气中，即位于表面的液体状态的水变成气体状态的水蒸气，这种现象称为蒸发。相反，盖了保鲜膜的烧杯，水量没有随着时间的流逝而减少，而且在烧杯的内壁上还可以看到许多小水珠。出现这种现象的原因是，烧杯里的水虽然也蒸发了，但是由于保鲜膜的阻挡，水蒸气无法进入空气中，所以就在烧杯壁上重新凝结成了液态的水。

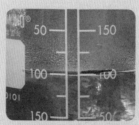
烧杯内壁上凝结的小水珠

如果对烧杯里的水持续加热，会发生什么现象呢？观察水在煮沸时发生的变化。

准备材料 烧杯、沸腾石、油性笔、酒精灯、石棉网、三脚架，点火器

石棉网
点火器
三脚架
酒精灯

① 准备好加热装置。

为了防止水突然沸腾，在水里放入沸腾石。

沸腾石

② 在烧杯里放入沸腾石，标注出水面的高度。

③ 对装有水的烧杯进行加热，观察水的变化。

水在加热过程中发生的变化

▲ 水在受热过程中产生了一些小气泡。这些气泡会逐渐变大上升，最终升到水面上。

加热后水的体积的变化

▲ 水面的高度比最初标注的高度略低一些。

通过实验得知的结论 水在受热时会产生一些小气泡。这是液体的水在高温下变成气体的水蒸气而产生的。加热一段时间之后，气泡的数量增多，体积增大，水蒸气的气泡遍布水面和水底，这种现象就称为**沸腾**。水在沸腾时之所以会发出声音，是因为水蒸气气泡在水面破裂引起的，一次性产生的气泡数量越多声音就越大。烧杯里的水在煮沸之后量变少了，是因为烧杯里一部分液体状态的水变成气体状态的水蒸气跑到空气中去了。

科学家的眼睛

蒸发和沸腾的不同之处

虽然蒸发和沸腾都是液体的水变成气体的水蒸气的现象，但是这两者水变成水蒸气的位置不同。蒸发是不受温度的限制，由水面上的水变成水蒸气的现象。等量的水温度越高蒸发越快，水与空气的接触面越大蒸发越快。**沸腾**是指水在达到100℃时，内部的水变成水蒸气的现象。而且水在沸腾的同时表面依然在进行着蒸发作用。

蒸发

沸腾

观察装有冰水的杯子和装有热水的杯子表面有什么区别，以此来了解什么是凝结现象。

准备材料 两个玻璃杯、热水、冰水、纸巾

◀ 把装有冰水的杯子放在纸巾上。

把装有热水的杯子放在纸巾上。▶

结果

杯子的外壁上，仅装有冰水部分结起了许多小水珠。

杯子外壁上凝结的小水珠变大往下流，浸湿了垫在下面的纸巾。

结果

杯中没有装水的内壁上挂着许多小水珠。这些水珠变大之后会重新流回杯中。

通过实验得知的结论 空气中含有大量的水蒸气，但我们用眼睛却是看不到的。气体状态的水蒸气遇到低温的物体就会变成液体的状态，像这种我们肉眼看不见的水蒸气变成液体状态的水的现象称为凝结或液化。装有冰水的杯子外壁上挂着的水珠是空气中的水蒸气遇到低温的物体后变成的水珠。相反，装有热水的杯子内壁上挂着的水珠是杯里的水蒸发之后，遇到温度较低的杯壁在内部结成的水珠。

科学家的眼睛

遇水变色的氯化钴试纸

为了测试装有冰水的杯子外壁上挂着的水珠到底是不是水，我们可以用氯化钴试纸来进行验证。氯化钴试纸是蓝色的，具有遇水变红的性质。因此想要确认某一种液体是否为水的时候就可以用到蓝色的氯化钴试纸。

物质·水

调查生活中常见的凝结现象，尝试解释这些现象发生的原因。

▲ 从寒冷的地方到温暖的地方时，眼镜片上会起一层雾。

▲ 从热水中蒸发出来的水蒸气碰到碗面的盖子变成水珠。

▲ 从口中呼出的热气遇到冰冷的玻璃窗会变成小水珠。

▲ 喷气式飞机释放出来的水蒸气遇到低温的空气会变白。

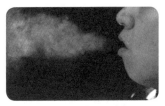

▲ 寒冷的冬天哈一口气，从嘴里呼出来的气也会变成白色。

▲ 在浴室里用过热水之后，热水里的水蒸气遇到冰冷的镜子会变成小水珠。

▲ 空气中的水蒸气在升到高空时，由于温度降低变成了水珠，这些水珠聚在一起就形成了云朵。

▲ 凌晨地面的温度低于空气的温度时，地面附近的水蒸气变成水珠就形成了雾。

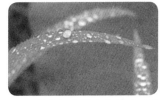

▲ 清晨空气中的水蒸气碰到冰凉的物体就会变成露珠。

通过实验得知的结论 水蒸气遇到低温的物体散热变成液体水的现象称为凝结。凝结现象在我们的日常生活中极为常见。浴室天花板或镜子上挂着的水珠，清晨叶片上挂着的露珠，雾天的形成都是凝结现象的表现。

科学家的眼睛

人工降雨

人工降雨是指人为地在云层中播撒催化剂，增加降雨量或降雪量的行为，也就是用飞机往云层里撒干冰或者碘化银，使云中的小雨滴迅速增大变成雨。2008年北京举办奥运会的时候，中国为了净化大气就采用了人工降雨的方式。

方法1
①播撒干冰或人工冰核。
③在周围冷空气的作用下形成冰块。
②撒在云层中的颗粒开始吸附周围的水分子。

方法2
①发射由碘化银制成的炮弹。
②炮弹爆炸，释放出碘化银颗粒。
③云承受不住冰块的重量，冰块下坠并在下坠的过程中变成雨水

水在太阳的作用下不断蒸发到空气中。但是为什么大海里的水不会变少呢？下面就让我们来探索一下水量不变的原因。

准备材料 关于水循环的图片

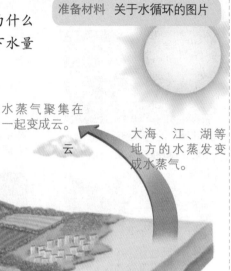

小水滴聚集到一起变成雨或雪落到地面。

水蒸气聚集在一起变成云。

大海、江、湖等地方的水蒸发变成水蒸气。

雪　雨

云

水蒸气

大海

江河、地表的水以及地下水重新流入大海。

▲ 液体状态的水在太阳的照射下蒸发变成气体状态的水蒸气。空气中的水蒸气上升至高空时，由于温度下降而凝结成水滴形成云，云中的水滴又重新变成雨或雪把水送回地面。水通过这种状态的变化不断实现循环的过程称为"水的循环过程"。因此虽然水通过上述的循环过程不断进行状态的交替变化，但是地球上的整体水量是不会发生变化的。

因水的循环而出现的现象

牛角湖

▲ 因为水的循环出现了各种天气的变化。　　▲ 流动的水引起了地形的变化。

通过调查得知的结论 地球上的水在太阳热能的作用下不断发生循环和变化。水在整个循环过程中量不变，仅状态发生变化。因此即使水在太阳的作用下不断发生蒸发，由这些蒸发出来的水蒸气所形成的云，又会重新把水变成雨或雪送回地面，所以地球上的总水量是不变的。

神奇的冰世界

大部分的物质都以固体、液体或气体中的一种状态存在着，物质在按照固体→液体→气体的顺序发生状态变化的同时体积不断增大。但是有一个物质例外，那就是水！下面我们就来了解一下水在变成冰的过程中产生的神奇现象吧。

冰体积增加的原因

水是一种由氧气和氢气构成的物质，水在结冰的过程中体积逐渐增大的原因是水分子的排列顺序发生了变化。水结冰之后，水分子会形成一个中间有孔洞的六边形。因此水固体状态的体积和液体状态的体积比起来自然就增大了。反过来，冰融化之后，六边形的结构断裂，恢复自由的水分子可以随意地进入原本六边形中间的孔洞，体积自然就变小了。

▲ 冰的体积比水的大。

冰漂浮在水面上的原因

100ml的水结冰之后，虽然重量不变但是体积变得比100ml更大了。因此比较100ml水和100ml冰的重量就会发现，冰的重量比水的要轻。决定一种物质是漂在水面上还是沉入水底，关键就在于相同体积下物质的质量是大于水还是小于水。由此可知冰是会漂在水面上的。冬天气温降到零度以下时，湖水就会结冰。这时冰块不会沉入水底，而是漂浮在水面上。湖面上的冰块隔离了零度以下的冷空气，这就使得水里的鱼在寒冷的冬天依然可以生存下来。

▲ 湖水里的冰漂浮在水面上。

漂在水面上的并不是全部！

在装有水的杯子里放入冰块并且记录下水面的高度，等冰块全都融化之后再观察，会发现水面的高度没有发生变化。即浮出水面的冰块体积，就相当于水在结冰之后增大的体积。水结冰之后增大的体积约占整体体积的8%。也就是说，我们在水面上看到的冰山只是冰山整体的8%而已。剩余的92%的冰山都淹没在水面之下。因此当船在有冰山的海域行驶的时候，务必注意避免和水下92%的冰山发生碰撞。

我们的眼睛能够看到的冰山只是冰山整体的8%而已。▶

能量

start!

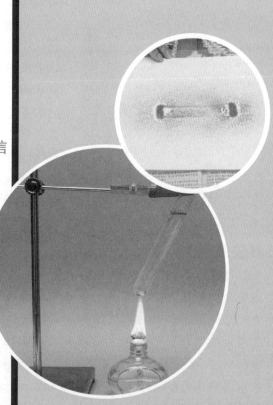

"能量"就是指物体的工作能力，本章要研究的对象是宇宙中所有物质之间的运动和特性。下面我们就来好好了解一下包括声音和光在内的波动、力和运动、电和磁、热能等万物的能量之源吧。

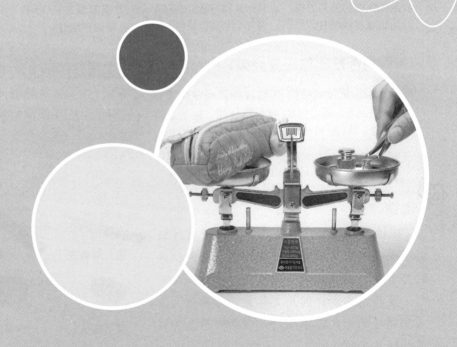

磁铁和物体

什么样的物体是可以被磁铁吸附的？磁铁上存在怎样的力量？

 43 实验 磁铁可以吸住什么东西

尝试用磁铁吸一吸各种物体，将可以被磁铁吸住的物体和不能被磁铁吸住的物体区分开来。观察可以被磁铁吸住的物体具有哪些特征。

准备材料 磁铁、回形针、剪刀、铅笔、钉子、眼镜、各种饮料罐、硬币、图钉

▲ 用铁制成的易拉罐可以被磁铁吸住。

▲ 用铝制成的易拉罐不会被磁铁吸住。

▲ 用塑料制成的眼镜不会被磁铁吸住。

▲ 用铁制成的铁钉可以被磁铁吸住。

▲ 用铁制成的剪刀刀刃可以被磁铁吸住。

▲ 用木头和石墨制成的铅笔不会被磁铁吸住。

▲ 用铜制成的硬币不会被磁铁吸住。

▲ 用铁制成的回形针可以被磁铁吸住。

〈按照可否被磁铁吸住分类〉

可以被磁铁吸住的物体	不能被磁铁吸住的物体
用铁制成的易拉罐、剪刀刀刃部分、铁钉、回形针	铝制易拉罐、眼镜、铅笔、铜币

通过实验得知的结论 可以被磁铁吸住的物体有一个共同的特征，那就是它们都是用铁做的。而不能被磁铁吸住的物体材质有玻璃、铝、铜、塑料、木材、橡胶等。

 科学家的眼睛

磁铁

磁铁具有吸引铁的性质。人们将这种吸引铁制品的力量比喻为母亲拥抱子女的仁慈的力量，为其取名为"**磁铁**"。另外，由于它一直指向南方，因此又称为"指南铁"。虽然磁铁的形状各不相同，但它们都具有吸引铁的共同性质。

圆柱形磁铁

条形磁铁

硬币磁铁

环形磁铁

蹄形磁铁

44 实验 磁铁有一种穿透物体的力量

在写字的垫板上面撒上铁粉，然后拿一块磁铁在垫板下面来回移动，会看到铁粉跟着磁铁一块儿移动。下面我们就利用纸张和玻璃板来了解一下磁铁穿透物体吸引铁制品的力量。

准备材料 条形磁铁、线、回形针、透明胶带、白纸、玻璃板

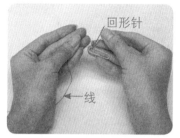

① 用线把回形针穿起来。

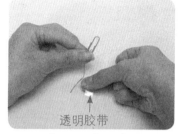

② 用透明胶带把线的一端固定在桌子上。

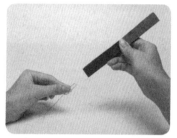

③ 用手把回形针拉起来，并把磁铁靠近回形针。

结果

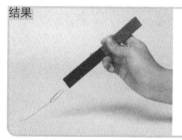

▲ 拿着回形针的手松开之后，回形针依然飘浮在半空中。

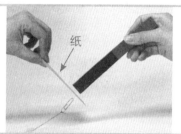

▲ 拿一张纸隔在回形针和磁铁的中间，回形针依然飘浮在半空中。

▲ 拿一块玻璃板隔在回形针和磁铁的中间，回形针依然飘浮在半空中。

通过实验得知的结论 磁铁不需要和物体发生直接接触，它的吸引力就可以发挥作用。实验中磁铁和物体之间隔开了一段距离，或者中间再隔着一张纸、一块玻璃板，它的吸引力依然可以发挥作用。也就是说，即使拿着回形针的手松开了，或者纸和玻璃板隔在了回形针和磁铁的中间，回形针依然可以飘浮在空中。如上所述，磁铁对铁制品的这种吸引力被称为**磁铁的力量**或简称**磁力**。

科学家的眼睛

不会被磁铁吸引的金属

金属分为铁、铜、铝、锌等，其中能够被磁铁吸引的金属只有铁一种，其余的金属都不行。请问，硬币究竟会不会被吸到磁铁上去呢？以第五套人民币为例，1角硬币是不锈钢材质，5角硬币是钢芯镀铜合金，1元硬币是钢芯镀镍合金。习惯上我们讲的钢铁是对钢和铁的总称，两者主要以含碳量区别其性质。所以，我们的硬币会被磁铁吸引。

▲ 硬币和锡箔纸不会被磁铁吸引。

磁铁的所有部位对铁制品的吸引力都是一样的吗？另外不同形状的磁铁，各自释放磁力的位置在哪里？通过磁铁和铁粉的实验找出各种形状磁铁的磁极，并且看一看这些磁铁的磁力是不是一样的。

准备材料 条形磁铁、蹄形磁铁、环形磁铁、白纸、桶装铁粉、四个橡皮擦、透明的亚克力板、报纸

① 在地上铺好报纸。

② 按照透明亚克力板的大小摆好四块橡皮擦的位置。

> 调节好亚克力板的高度，避免磁铁贴到亚克力板上。

③ 在橡皮擦的中央放一块条形磁铁，然后盖上亚克力板。

④ 在透明亚克力板上放一张白纸。

> 可以在一次性纸杯底戳一些小孔做成铁粉桶。

⑤ 把铁粉均匀地撒在白纸上。

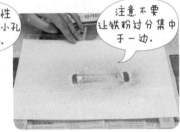

> 注意不要让铁粉过分集中于一边。

⑥ 轻轻地拍打亚克力板，让铁粉能够自由地活动。

⑦ 把条形磁铁换成其他形状的磁铁进行实验，观察结果。

结果

▲ **条形磁铁**
条形磁铁的两端吸附的铁粉最多。

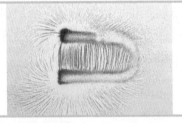

▲ **蹄形磁铁**
蹄形磁铁的两端吸附的铁粉最多。

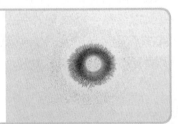

▲ **环形磁铁**
环形磁铁形似甜甜圈的那个面上吸附的铁粉最多。

通过实验得知的结论 实验中磁铁吸附的铁粉量最多的部位就是磁铁上磁力最强的部位。再根据实验结果中磁体整体吸附的铁粉量不同来看，磁体各部位的磁力应该是不一样的。图中磁铁吸附铁粉量最多的部位就是磁铁的**磁极**。注意，无论是什么形状的磁铁都存在磁极。

即使不把磁铁放在地面上也有办法找到磁铁的磁极吗？制作一个可以360度观看到磁铁磁极的装置，并用这个装置来找一找磁铁的磁极。

准备材料 透明的塑料瓶、食用油、铁粉、玻璃棒、条形磁铁、试管（与条形磁铁长度相似）、透明胶带

食用油

① 在透明塑料瓶里倒入2/3左右的食用油，在油里放入铁粉。

铁粉

② 把透明塑料瓶的盖子拧紧，晃动塑料瓶使铁粉和食用油能够充分混合。

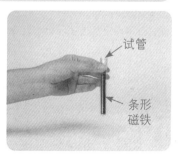

试管

条形磁铁

③ 把条形磁铁放在试管里，用塑料膜封住试管口并用透明胶带固定。

④ 把装有条形磁铁的试管放入②的透明塑料瓶里。

⑤ 往透明塑料瓶里灌满食用油盖上盖子，然后观察铁粉的活动。

结果

▲ 铁粉从四面八方被吸引过来，聚集到了条形磁铁的两端。

通过实验得知的结论 从前后左右任何一个方向都可以观察到条形磁铁的两端聚集了大量的铁粉。也就是说，条形磁铁的磁极无论从哪个角度看都是位于磁条的两端。
如果换成环形磁铁的话，磁条的上下两个面聚集的铁粉是最多的，即环形磁铁的磁极位于正反两面。

科学家的**眼睛**

磁铁磁极的表示方法

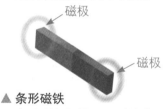

磁极

磁极

▲ **条形磁铁**
条形磁铁的磁极位于磁铁的两端。

磁极

▲ **蹄形磁铁**
蹄形磁铁的磁极位于蹄铁的两端。

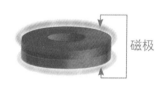

磁极

▲ **环形磁铁**
环形磁铁的磁极位于上下两个环形的面。

磁铁和磁铁

如果磁铁碰到的不是铁制品，而是另一块磁铁的话，这两者之间会发生什么现象呢？

47 实验 磁极相贴会发生什么

磁铁的磁极具有哪些性质，为了弄清楚磁极的种类，下面我们就尝试用彩色贴纸和条形磁铁来做个实验看看吧。

准备材料 三块没有磁极标志的条形磁铁、各种颜色的贴纸

① 把其中的一块条形磁铁作为参照物，并在参照物的一端贴上红色的贴纸。

② 当用其他的条形磁铁靠近参照物时，如果相互排斥就贴上相同颜色的贴纸。

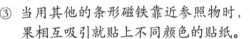

③ 当用其他的条形磁铁靠近参照物时，如果相互吸引就贴上不同颜色的贴纸。

④ 把非参照物的另一块磁铁调换方向，如果相互排斥就贴上相同颜色的贴纸。

结果

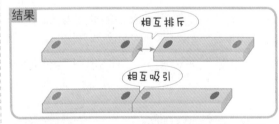

相互排斥

相互吸引

▲ 拿开参照物，把另外两块磁铁放在一起。如果贴纸颜色相同，两块磁铁就会相互排斥；如果贴纸颜色不同，两块磁铁就会相互吸引。

通过实验得知的结论 实验结果是每块磁铁的两端都贴着颜色不同的贴纸，也就是说磁铁有两种磁极，并且分别位于磁铁的两端。另外，同颜色的磁极靠近会相互排斥，不同颜色的磁极靠近则会相互吸引。由此可知，磁铁中相同的磁极之间会相互排斥，不同的磁极之间则会相互吸引。

 科学家的眼睛

磁铁两极的性质

磁铁对铁制品产生的吸引力最大的地方就是磁极。把磁铁的磁极放在一起有时会相互排斥，有时又会相互吸引。相互吸引的两个磁极拥有不同的性质，而相互排斥的两个磁极则拥有相同的性质。

如果把条形磁铁折成两半，那么位于磁铁两端的磁极会发生什么变化呢？难道断成两半的磁铁都只剩一个磁极了吗？通过下面将磁铁一分为二的实验，了解一下磁极是如何随磁铁的断裂而发生变化的。

准备材料 没有磁极标志的条形磁铁（可以截成好几段来使用的大磁铁）、各种颜色的贴纸

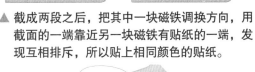

▲ 截成两段之后，把其中一块磁铁调换方向，用截面的一端靠近另一块磁铁有贴纸的一端，发现互相排斥，所以贴上相同颜色的贴纸。

▲ 把截成两段的磁铁中没有贴纸的一端靠向另一块有贴纸的一端，发现互相吸引，所以贴上不同颜色的贴纸。

① 把前面实验中使用过的一块条形磁铁弄断。把断开的两截磁铁放在一起，如果相互吸引就贴上不同颜色的贴纸，如果相互排斥就贴上相同颜色的贴纸。

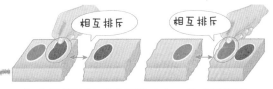

▲ 把中间的两块磁铁调换方向，将有贴纸的一端靠向没有贴纸的一端，发现互相排斥，所以贴上相同颜色的贴纸。

② 把断成两截的磁铁再各自一分为二，然后再分别放在一起测试并在磁极上贴上相应的贴纸。

▲ 再把两块磁铁调换方向，将没有贴纸的一端靠向有贴纸的一端，发现互相吸引，所以贴上不同颜色的贴纸。

通过实验得知的结论 前面提到过条形磁铁的两端各有一个磁极，因此如果要把条形磁铁截成两半，有人可能会认为磁极也会跟着一分为二，一截拥有一个磁极。但是这样的情况是绝对不可能发生的。通过上面将磁铁折半和贴贴纸的实验可知，每一块磁铁上依然贴有两张不同颜色的贴纸，就算再继续往下分还是一样的情况。也就是说，即使是世界上最小的磁铁也拥有两个不同的磁极。

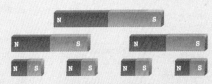

能量·磁铁

通过前面的实验我们已经知道磁铁的磁极一共有两种，那么这两种磁极究竟该如何区分呢？下面我们就利用指南针和条形磁铁来找一找磁铁的磁极吧。

准备材料 条形磁铁、水缸、一次性盘子、水、指南针

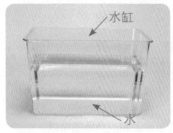

水缸

水

① 在水缸里灌入2/3的水。

一次性盘子

② 在灌好水的水缸里放入一次性盘子。

③ 把条形磁铁轻轻地放在一次性盘子上，注意不要让水没入盘子里。

④ 在条形磁铁指向一个固定方向之前会看到磁铁一直在转动方向。

⑤ 等条形磁铁完全静止下来之后，观察磁铁所指的方向。

结果

⑥ 比较条形磁铁所指的方向和指南针所指的方向。
▲ 两者所指的方向相同。

⑦ 改变条形磁铁在一次性盘子上放置的方向。

结果

⑧ 看磁铁转动直至完全静止下来之后，比较它与指南针所指的方向。
▲ 两者所指的方向相同。

注意 不要在水缸附近放置其他磁铁或铁制品，以免影响实验的准确性。另外，当指南针靠近磁铁时，指针的方向会发生改变，因此最好在实验之前先确认指南针所指的方向。

通过实验得知的结论 无论摆放在水面上时磁铁朝向哪个方向，磁铁所指的方向始终是相同的。通过上面的实验可知，磁铁所指的方向与指南针所指的方向始终保持一致。由此可知，作用在磁铁上和指南针上的力量是相同的，即与指南针S极指向同一方向的磁极就是磁铁的S极，同理，与指南针N极指向同一方向的磁极就是磁铁的N极。

准备材料 条形磁铁、指南针

指南针指针所指的方向和磁铁所指的方向是一致的，这两个东西究竟有什么关系呢？尝试用磁铁来靠近指南针，了解指南针的指针与磁铁之间存在着怎样的联系。

> 如果磁铁直接与指南针的指针发生接触，可能会把指南针弄坏，因此注意实验时磁铁与指南针不要靠得太近。

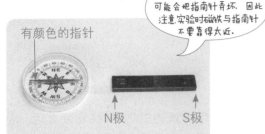

▲ 当磁铁的N极靠近指南针时，有颜色的指针会被推开。

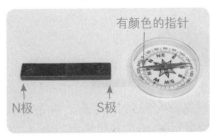

▲ 当磁铁的S极靠近指南针时，有颜色的指针会被吸引过来。

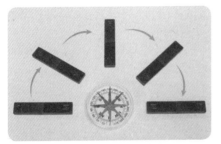

▲ 将磁铁放在靠近指南针的地方，沿着指南针的外围移动磁铁，会发现指南针的指针会跟着磁铁发生移动。

> 磁铁上指向北极的一端称为N极，通常用红色进行标示。

> 磁铁上指向南极的一端称为S极，通常用蓝色进行标示。

▲ 磁铁的磁极：N极和S极。

（通过实验得知的结论） 当磁铁靠近指南针时，指南针上带有颜色的指针会被磁铁吸引或者排斥。这与磁铁之间发生的吸引和排斥的现象是一样的。由此可知，指南针的指针也是一块磁铁。指南针就是利用磁铁始终指向固定方向的原理，帮助人们在迷路时或在航海中寻找方向的。

科学家的**眼睛**

地球就是一块巨大的磁铁？

公元1600年，英国科学家吉尔伯特最先提出了"地球就像一个巨大的磁铁"的说法。地球内部含有巨大的热量和压力，金属或岩石在熔化和流动的过程中产生了类似磁铁的物质。当这些物质朝一个方向流动时，周围就会出现类似磁场的力量，而且地球同样拥有两个巨大的彼此不同的磁极。地球产生的类似磁铁的力量称为地球磁场。这就是指南针总是指向固定方向的原因。

地球磁场的S极

地球磁场的N极

能量·磁铁

用两块条形磁铁了解磁铁的磁极之间存在怎样的力量。为了更加清晰地感觉到力量，用绳子把条形磁铁挂起来然后彼此靠近。

准备材料 两块条形磁铁、棉线

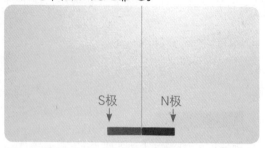

① 用棉线把条形磁铁系起来，用手抓住时大约留出30cm左右的棉线。

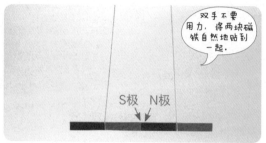

双手不要用力，将两块磁铁自然地贴到一起。

② 让两块磁铁的S极和N极相互靠近，感觉一下两块磁铁之间的作用力。

▲ 感觉到相互吸引的力量。S极和N极因此贴到了一起。

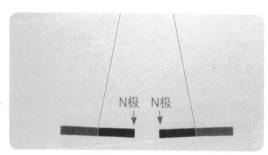

③ 让两块磁铁的N极和N极相互靠近。

▲ 感觉到相互排斥的力量，彼此推开了。

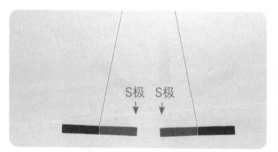

④ 让两块磁铁的S极和S极相互靠近。

▲ 感觉到相互排斥的力量，彼此推开了。

通过实验得知的结论 S极和N极在相互吸引的作用下贴到了一起，即不同磁极之间存在相互吸引的力量。N极和N极，S极和S极因为相互排斥而被彼此推开，即相同磁极之间存在相互排斥的力量。

科学家的眼睛

环形磁铁磁极之间的作用力

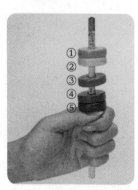

在铅笔上套入5个环形磁铁，观察磁铁之间的位置是怎样的。环形磁铁相同磁极的面碰到一起会在相互排斥的力量作用下隔开一段距离。反之，不同磁极的面碰到一起会在相互吸引的力量作用下贴到一块儿。由此可知②和③，③和④之间存在相互排斥的力量，所以它们是彼此相同的磁极面碰到了一起。而①和②，④和⑤之间存在相互吸引的力量，所以它们是彼此不同的磁极面碰到了一起。

◀①和②，④和⑤是彼此不同的磁极面碰到了一起，②和③，③和④是彼此相同的磁极面碰到了一起。

磁铁的磁极之间存在的作用力，我们用眼睛是看不见的。下面我们用铁粉实验，观察铁粉在磁铁周围是如何分布的，以此来了解磁铁之间相互吸引和排斥的力量。

准备材料 两块条形磁铁、白纸、桶装铁粉、四个橡皮擦、透明的亚克力板、报纸

能量·磁铁

① 在地上铺好报纸。

② 按照透明亚克力板的大小摆好四块橡皮擦的位置。

③ 把两块条形磁铁相同的磁极相对摆成一条线，然后盖上亚克力板。

④ 在透明亚克力板上放一张白纸。

⑤ 把铁粉均匀地撒在白纸上。

⑥ 用手指轻轻地拍打亚克力板的边缘部分，让铁粉能够自由地活动。

⑦ 改变条形磁铁摆放的位置进行实验，观察结果。

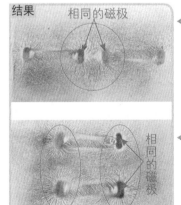

结果 相同的磁极

◁ 相同的两个磁极头对头摆放时，两个磁极都把铁粉推开了。

◁ 相同的两个磁极平行摆放时，两个磁极都把铁粉推开了。

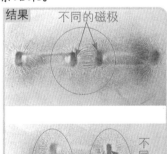

结果 不同的磁极

◁ 不同的两个磁极头对头摆放时，铁粉在两个磁极之间形成一条条相连的线。

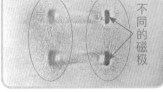

◁ 不同的两个磁极平行摆放时，铁粉在两个磁极之间形成一条条相连的线。

通过实验得知的结论 当两块磁铁相同的磁极摆放在一起时，由于存在相互排斥的力量，所以磁极附近的铁粉都是被推开的模样。相反，当两块磁铁不同的磁极摆放在一起时，由于存在相互吸引的力量，所以磁极附近的铁粉呈现出互相连接的形状且线条柔和。

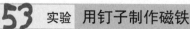

指南针轻巧且方便携带，而且它任何时候都指向正确的方向。指南针的指针是一块磁铁，但想要亲手把大块的磁铁做成小小的指南针并不是一件简单的事情。不过我们可以尝试用铁钉来制作用于指南针上的磁铁。

准备材料 铁钉（针或大头针）、条形磁铁、回形针

① 用磁铁一侧的磁极反复摩擦铁钉。

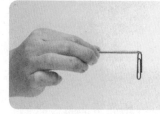

② 将用磁铁摩擦过的铁钉靠近回形针，可以看到回形针被铁钉吸了起来。

注意 在用铁钉制作磁铁时需要用到磁力比较大的磁铁。必须用磁铁反复摩擦铁钉，铁钉才能够获得磁铁的特性，而且注意摩擦的时候务必选择磁铁中的一个磁极，反复朝同一个方向进行摩擦。

通过实验得知的结论 原本铁钉是不能吸住回形针的，但是从实验中被磁铁摩擦过的铁钉能够吸住回形针来看，被磁铁摩擦过的铁钉具有了磁铁的性质。用磁铁摩擦铁钉、针、大头针等铁制品，会让物体具有与磁铁相同的性质，这种现象称为**磁化**。

54 实验 **利用被磁化的物体制作指南针**

下面我们就尝试用被磁铁磁化的物体制作各式各样的指南针吧。

准备材料 针、水缸或透明的碗、树叶、磁铁、铁钉、棉线

使被磁化的针漂浮在水面上

水

① 在碗里灌入一半左右的水。

树叶

② 把树叶放在碗里的水面上。

被磁化的针

③ 把被磁铁磁化的针轻轻地放在树叶上。

被磁化的针

④ 等树叶在针的带动下完全静止下来时，观察针头所指的方向。

注意 在我们制作好的指南针周围不要放置其他的铁制品或磁铁。因为指南针的方向可能会受到铁制品或磁铁的影响而发生改变。

被磁化的铁钉的磁极

被磁化的铁钉也是存在N极和S极的。在区分铁钉的N极和S极时，可以用其他磁铁的N极或S极靠近铁钉，观察铁钉的反应。假设将磁铁的N极靠近铁钉，铁钉发生排斥的反应，就表示这头是铁钉的N极；如果将磁铁的N极靠近铁钉，发生吸引的反应，就表示这头是铁钉的S极。

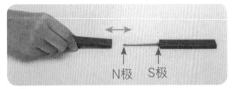

▲ 将磁铁的N极靠近铁钉，相互排斥就是N极，相互吸引就是S极。

如何将被磁化的物体变回原样

通常铁制物体中都含有许多排列不规则的小磁铁。用磁铁对铁制品进行摩擦之后，铁制品之所以会显现出磁铁的性质，就是因为这些小磁铁按照一定的方向进行了排列。被磁化的物体放置一段时间之后，小磁铁们的排列顺序会自然而然地恢复混乱，磁性自然也就跟着消失。另外，对磁化的物体施以强大的冲击力或对其进行加热可以让物体短时间内失去磁性。因为冲击力和加热为物体提供了恢复原样时所需的能量。

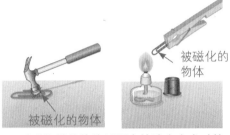

▲ 对磁化的物体施以强大的冲击力或对其进行加热就会使其失去磁性。

把被磁化的铁钉挂起来

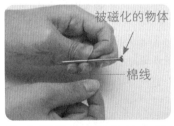

① 把棉线系在铁钉的中间部位，注意要留出足够长的棉线。

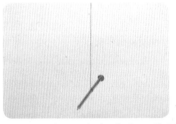

② 用手抓住多余的线，将铁钉悬挂在半空中，等待铁钉完全静止下来之后，观察铁钉所指的方向。

注意 用线把铁钉系起来，抓住多余的线把铁钉拎起来，注意不能让铁钉倾斜。另外，同样不能在铁钉的周围放置其他的磁铁或铁制品。

通过实验得知的结论 在手头上没有指南针的时候，可以对针、铁钉等小巧轻盈的铁制品进行磁化代替指南针来使用。把被磁化的铁制品放在水面上或用线悬挂起来，使其能够自由地转动寻找方向，最终它将会指向地球的南方。如果要对被磁化物体的N极和S极进行区分，可以用另一个磁铁靠近被磁化物体，观察物体的反应。

磁铁和生活

在我们的身边有哪些物体是用磁铁制作的? 信用卡上哪个部分是含有磁铁的?

55 调查 寻找生活中的磁铁

如果在我们的生活中没有磁铁的存在会怎么样呢? 下面我们就通过对日常生活中的磁铁用品进行观察, 看它们都是如何利用磁铁的。

准备材料 磁铁铅笔盒、磁铁夹子、磁铁白板、回形针筒、磁铁围棋盘、磁铁螺丝刀

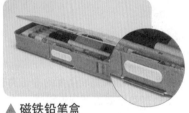

▲ **磁铁铅笔盒**
盖子的上下层分别装有磁铁和铁片,这样开关起来非常方便。

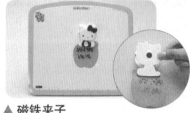

▲ **磁铁夹子**
把几张纸叠放在一起之后可以用磁铁夹子进行固定。

▲ **磁铁白板**
在铁制的白板上可以贴上用磁铁制成的字母、图案或者磁铁夹子。

▲ **回形针筒**
利用磁铁制成的容器盛放回形针,可以防止回形针散落。

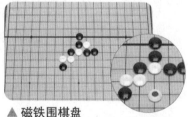

▲ **磁铁围棋盘**
利用磁铁让围棋棋子贴在围棋盘上,不容易弄乱。而且可以随时随地移动围棋盘,享受围棋的乐趣。

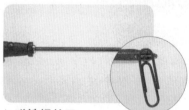

▲ **磁铁螺丝刀**
用磁铁来制作螺丝刀,可以吸住一些小螺丝钉,方便固定。

通过调查得知的结论 磁铁可以吸附铁制品的性质让我们的日常生活变得更加便利。例如, 在铁板或冰箱的表面贴上各式各样图案的磁铁可以起到装饰的作用, 把便签纸等贴起来可以节约空间。

如今人们还会用磁铁的性质来记录信息。我们平常使用的信用卡以及其他磁性卡都是利用磁铁的性质来记录信息的。下面我们就通过实验来观察一下用磁铁记录的信息是什么样子的。

准备材料 磁性铁粉（四氧化三铁）、作废的信用卡、酒精、滴管、烧杯、玻璃棒、药勺、透明胶带、白纸、硬币磁铁

能量·磁铁

① 在烧杯中倒入50ml的酒精，用药勺的小头舀一勺左右的四氧化三铁加入酒精中。

② 用玻璃棒搅拌，使酒精和四氧化三铁充分混合。

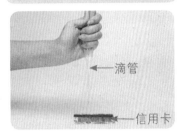

③ 用滴管吸取酒精和四氧化三铁的混合溶液滴在信用卡的黑色磁条上。

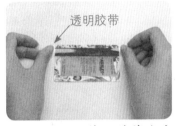

④ 静置片刻等酒精蒸发完之后，用透明胶带轻轻地贴在磁条上，然后揭下来贴到白纸上。

结果

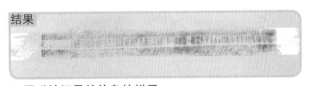

▲ 用磁铁记录的信息的样子

可以看到四氧化三铁呈现出规则的条纹状。这与我们在商品上看到的编码形状相似。

⑤ 将卡片上的四氧化三铁溶液擦干净，用硬币磁铁摩擦卡片的黑色磁条部分，然后再重复上面的实验步骤。

结果

▲ 用硬币磁铁摩擦的内容

用磁铁摩擦磁条之后，四氧化三铁的排列顺序失去了规律。

通过实验得知的结论 通过上述实验我们可以知道，信用卡等磁性卡是利用磁铁的性质来记录信息的。用磁铁摩擦记录信息的磁条部分之后，我们看到四氧化三铁的排列失去了秩序，由此可知这部分储存的信息出现了问题。

因此，磁带、信用卡、录像带、磁盘等利用磁铁的性质记录信息的物品不能和磁铁或带有磁性的物体放在一起。

下面我们利用磁铁可以吸引铁制品并且可以穿透纸张和玻璃发挥吸引力的性质，制作一个有趣的磁铁玩具吧。首先，计划一下利用磁铁的性质可以制作什么样的玩具，并思考一下有没有什么可以加以改善的地方。

准备材料 塑料泡沫球（直径10cm）、两个玩偶眼睛、图钉、水粉颜料、毛笔、垫片、橡胶磁铁、刀、剪刀、胶水、厚卡纸

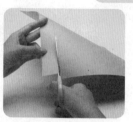

① 用刀把塑料泡沫球裁掉1/3左右，涂上颜色，再用胶水粘上玩偶的眼睛。

② 把橡胶磁铁剪成边长2cm的四方形贴在青蛙的底面，然后在磁铁的上方插一个图钉。

③ 将厚卡纸剪成长约15cm、宽约3cm的长条。

④ 在纸条上留出青蛙底边的长度，然后裁出一个长1cm、宽2cm的长方形并折起来。

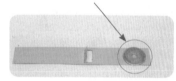

垫片：用螺母固定物体时，放在螺母下面的圆环形金属片

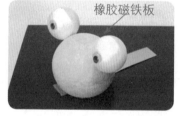

⑤ 把垫片固定在长纸条末端的中间位置。

⑥ 把竖起来的小纸片贴在青蛙的身体上。

⑦ 把纸片折回去，再把青蛙放到橡胶磁铁板上。前后拽动纸条，就会看到青蛙的嘴巴一张一合地发出"嗒嗒嗒"的声音。

通过实验得知的结论 利用磁铁的性质可以制作出各式各样的玩具。上面制作的这个青蛙玩具利用了磁铁相同的磁极相互排斥，不同的磁极相互吸引的性质，以及磁铁可以穿透纸张发挥吸引力的性质。

科学家的眼睛

青蛙玩具的嘴巴为什么会一张一合的？

把两块面积较大的橡胶磁铁放在一起可能会看到两块磁铁贴到了一起，但如果稍微移动位置又可能会变成相互排斥。之所以会发生这种现象，是因为橡胶磁铁的磁极如右图所示，是交替排列的。青蛙玩具底端的橡胶磁片和橡胶磁铁板上的磁极交替地发生排斥和吸引的作用，因此青蛙的嘴巴看起来就是一张一合的了。

▲ 模型化的橡胶磁铁磁极

（甲）

（乙）

▲ （甲）是相互排斥，（乙）是相互吸引。

地球磁场消失的话 会发生什么事情

能量·磁铁

　　地球拥有磁场就说明地球本身带有磁铁的性质。而受到磁铁性质影响的空间就称为磁场。地球磁场的影响范围涉及地球本身和在地球附近的宇宙空间。虽然我们用眼睛看不到地球磁场的存在，但是地球磁场对我们的生活有着非常深远的影响。那么，如果地球磁场消失的话，会发生什么事情呢？

动物们会迷路

　　很久以前，人们曾经用鸽子往远方传送简短的信笺或讯息。即使到一个完全陌生的地方，鸽子依然可以准确地找到收信的人家或前往的路。1979年，人们通过研究得知，鸽子所拥有的超强方向感和寻找地址的能力没有其他的原因，就是通过对地球磁场感应而实现的。在鸽子的头骨和大脑之间有一个长2mm、宽1mm的小磁铁。这块磁铁的作用就是感受地球磁场，并以此来找寻正确的方向。除了鸽子以外，可以自己找回家的动物大多拥有可以感受地球磁场的生物磁功能。但如果地球磁场消失

的话，这些动物就将失去方向感，也就找不到回家的路了。鸽子失去方向感之后可能会撞上墙壁或高楼的窗户，甚至会朝行驶的车窗直接冲过去，鸽子因此而冤死的情况也会随之变多。

美丽的极光会变成无趣的极光

　　在宇宙空间中拥有一种名为宇宙射线的强烈能量。这种能量不断从宇宙发射到地球，而地球磁场就起到了保护地球生物不受宇宙射线伤害的作用。

　　在地球的两极地区，一部分进入地球内部的宇宙射线与空气发生冲突产生的神奇景观就是人们常说的美丽极光。但是，如果地球磁场消失的话，地球无法阻挡来自宇宙的宇宙射线，那么地球将遭到非常严重的伤害。如果这些强烈的宇宙射线在毫无阻挡的情况下到达地面，那么我们现在使用的电子产品都将毫无理由地发生爆炸并且将无法继续使用。地球还将停止供电，通信受阻，电话和网络都将无法使用。即使宇宙射线不会对我们造成特别的影响，我们也将无法再看到奇美的极光现象。

光和影子

如果没有光，我们的生活会变成什么样子？影子只在有光的情况下才会出现，那么影子的产生与光的什么性质有关呢？

58 调查 如果没有光会发生什么事情

在有阳光的白天以及没有阳光的晚上，如果有灯或火光，我们就可以看到物体。但是如果没有光的存在，会发生什么事呢？想象一下如果有一个小时世界上所有的光都消失了，会发生哪些事情呢？以此来感受一下光的重要性。

▲ 没有光的话就不能看书了。

▲ 没有光的话可能会发生交通事故。

▲ 没有光的话会觉得非常冷。

通过调查得知的结论 如果没有光，我们就无法看书，也不能看电视，还会因为看不清前方而撞到其他物体，而且连照片也不能拍，总之有很多无法解决的不便之处。不仅眼睛看物体需要光，想要过上正常的生活也必须有光才行。

 科学家的**眼睛**

通过光看到物体的过程

我们可以看到电视上的画面，就是因为电视发出的光进入了我们的眼睛。另外，看到能够让人的眼睛感觉到放松的绿色植物，也是因为植物反射的光进入了我们的眼睛。因此想要看见物体，就必须有光的存在。在这个过程中，光照射在物体上重新被弹回的现象称为光的**反射**。

▲ 因为有光的存在，我们才能够观看电视，看到树木等物体。

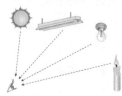

◀ 能够自己发光的物体释放出的光照射到物体上，光被物体反射回来进入我们的眼睛，我们就可以通过光感觉到那个物体了。

◀ 不能自己发光的物体通过反射照射到物体表面的光，使光线进入我们的眼睛，这样我们就可以看到物体了。

在我们的身边有很多物体都可以自己发光。这些能够发光的物体被称为光源。下面我们就来找一找哪些物体是光源，并学会区分一种物体究竟是光源还是非光源。

▲ 教室里可以成为光源的物体有日光灯、台灯、电脑屏幕、暖炉等，不能成为光源的物体有黑板、书桌、椅子、书本、笔筒、玻璃窗等。

▲ 教室外可以成为光源的物体有太阳、信号灯、霓虹灯、手机屏、汽车车灯、飞机警示灯等，不能成为光源的物体有月亮、树木、石头等。

通过调查得知的结论 能够自行发出光亮的物体称为光源。光源中的太阳、日光灯、电视、电脑屏幕是因为物体温度升高了所以发光的，而信号灯和手机屏在发光的同时温度并不会升高。非光源物体因为不能自己发光，所以物体的周围必须有能够作为光源的物体才能被看到。

月亮的光

月亮本身是不会发光的。但是为什么夜晚的月亮却那么的明亮，就像是它自己会发光一样呢？月亮看起来发亮的原因是，它反射了太阳照射到月球表面的光。反过来，如果站在月球上看地球的话，看到的就是地球反射的太阳光了。

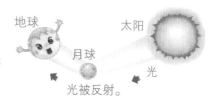

眼睛看得见的光和看不见的光

光又分为眼睛看得见的光和看不见的光两种。我们的眼睛之所以可以看见太阳、日光灯、白炽灯、烛光的模样，是因为这些物体释放出的光都是我们用眼睛看得见的光。我们的眼睛可以看得见的光的范围，取"可以看得见的光"的意思，命名为可视光。当太阳光通过三棱镜的时候会显现出彩虹色的颜色，这是因为可视光是由7种颜色组成的。可视光中红色区域以外的光称为红外线，紫色区域以外的光称为紫外线。这些光只有通过特殊的装置才可以看见。另外，无线电波和X射线也是我们用眼睛看不见的光。

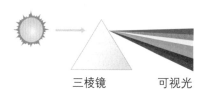

▲ 当太阳光通过三棱镜的时候，可以看到彩色的可视光。

虽然光对于我们的日常生活而言是必不可少的存在，但是有的时候也需要对光进行一定程度的遮挡。调查在日常生活中什么时候需要遮挡光线，以及遮挡的方法。

▲ 阳伞
防止太阳光直接照射到脸上，以免脸部被晒黑或晒伤。

▲ 人参栽培
人参受到过强的光照会影响生长，因此需要适当地遮挡阳光。

▲ 汽车挡光板
阻挡阳光的照射，可以防止车内温度过度升高。

▲ 暗幕窗帘
完全阻挡光线进入室内，在室内制造出完全黑暗的空间。

▲ 窗户的遮阳板
调节室内的进光量，以此调整室内的亮度。

▲ 帽子
防止太阳光直接照射到脸上，以免脸部被晒伤，还能让我们不觉得刺眼。

▲ 褐色玻璃瓶
不仅可以看清楚瓶内所装的物体，还可以防止物体因为光而发生变质。

▲ 太阳镜
利用有色镜片制成的眼镜，可以调节阳光进入眼睛的量，防止刺眼。

▲ 遮阳伞
防止太阳光的直接照射，在遮阳伞下面制造出阴凉的区域。

▲ 深色的玻璃
防止车内空间温度因为光照而升高，防止外界看到车内的情况。

▲ 屋檐
防止过于强烈的阳光照射进室内。

▲ 眼罩
阻止眼睛观看物体，或在休息的时候阻断光线进入眼睛。

通过调查得知的结论 遮挡光线的原因是各种各样的，例如防止特定空间的温度因阳光的照射而升高，或者保护眼睛或皮肤不受强光的伤害等。除此以外，还有为了防止药物变质而阻挡光线，以及防止食物干燥而遮挡部分光线的情况。因此遮挡光线的方法也可以分为完全遮挡和部分遮挡等。

61 调查 透明物体VS不透明物体

家中的鱼缸是透明的，所以可以清楚地看到里面鱼的样子。但是窗帘却不是透明的，所以拉上窗帘就看不到窗外的风景。在我们的日常生活中，有时会用到透明的物体，有时又会用到不透明的物体。通过调查了解使用这些物体的原因，以及它们各自的特征。

▶ **透明的物体**

玻璃窗、装饰柜的玻璃门、鱼缸、挂钟的玻璃、眼镜的镜片、浴缸里的水等物体都是由透明的物质构成的。

透明的物质可以让人们看到里面的东西，让阳光透进来。

◀ **不透明的物体**

冰箱的门、墙壁、桌子、衣服等物体都是由不透明的物质构成的。

不透明的物质可以阻挡阳光进入，保护里面的物体，而且阳光照不进去，自然也就看不到里面的东西了。

通过调查得知的结论 在受到光照时，可以被光穿透的物质称为**透明的物质**，不能被光穿透的物质称为**不透明的物质**。玻璃、水、塑料等透明的物质拥有透光的特性，使用透明的物质是为了使光照射进来，这样就可以看到里面或外面的东西了。而木材、纸张、布料等不透明的物质是不透光的，因此使用不透明的物质是为了阻挡光照，让人们无法看到里面或外面的东西。

科学家的眼睛

透明的物体都是无色的吗？

透过一种物体如果可以清晰地看到其他物体，就说明这种物体是透明的物体，如果看不清楚就是不透明的物体。那么像玻璃或水这样的透明物体，全都是无色的吗？透过彩色玻璃纸我们可以清晰地看到玻璃纸后面的物体，因此彩色玻璃纸应该是透明的物体。但是彩色玻璃纸的存在又告诉我们，并不是所有的透明物体都是无色的。只不过透过有颜色的透明物体看其他物体时，看到的物体颜色与物体本来的颜色有可能是不同的。

▲ 用彩色的玻璃纸看物体，物体就会变成其他的颜色。

透明人有存在的可能性吗？

在讲述透明人故事的电影或小说中，我们会看到透明人利用其他人看不到自己的优势，做了许多别人做不到的事情。

但是从科学角度来讲，透明人是没有存在的可能性的。我们的眼睛若想看到一种物体，物体就需要在眼睛的视网膜上成像。但是如果我们的身体全都是透明的话，那么物体就无法在视网膜上成像，而是会直接穿过视网膜。另外，眼睛的晶状体在物体成像的过程中起着凸透镜的作用，但如果我们的身体是透明的话，晶状体就无法履行凸透镜的职责了。而且即使我

们的身体是透明的，吃食物和消化食物的过程还是会被别人看到的。所以就算我们的身体是透明的，我们也会因为眼睛看不见而无法行动，或者因为吃进身体里的食物而被别人发现。

通过影子来看自己的时候，有时影子看起来比真人大，有时看起来又比真人小。而且我们的身体是立体的，但影子却是平面的。因此通过影子可以大概猜出是什么物体，但是想要完全猜对却并不简单。下面我们就把物体放在电灯和白布之间，使物体的影子投射在白布上，然后通过观察影子来猜一猜真正的物体是什么。

准备材料 电灯、屏幕、支架、各种形状的物体

▲ 中间的部分不是黑色的，应该是透明的瓶子。（○）

▲ 整体是圆形的，应该是盘子。（×）

▲ 看起来像是带有手柄的杯子。（○）

▲ 整体是圆形的，应该是球。（×）

透明的瓶子

球

有手柄的杯子

纸杯

通过实验得知的结论 光在行进的过程中遇到物体，如果无法穿透物体就会形成影子。因此根据影子其实可以大概推测出物体的形状。但是影子的形状会随光的方向和物体摆放的位置而发生改变。因此仅靠看物体的影子想要准确地推测出真正的物体是什么非常困难。

科学家的眼睛

影子的形状随物体摆放的位置而发生改变

63 实验 光传播的样子

光在空气中始终是直线传播的。光在遇到透明的物体时，可以穿透物体继续直线传播，但如果遇到不透明的物体就会产生影子。那么我们就没有办法亲眼看到光传播的样子吗？当然有啦！下面我们就来做个实验吧。在水缸里点一支香，用纸板封住水缸的上面部分，然后往水缸里发射激光就可以看到光传播的样子了。观察当激光照射的方向发生改变时，光的样子会有哪些变化。最后我们再用梳子观察一下光传播的样子。

准备材料 水缸、香、点火器、激光笔、板纸、梳子、光源

> 在水缸里点香是因为光会和香粒子发生碰撞向四周折射，这样可以更加清楚地观察到光的传播路线。

激光传播的样子

▲ 笔直地发射激光时
激光从水缸的对面，笔直地穿透了过去。

▲ 倾斜地发射激光时
激光从水缸的底面，按照倾斜的方向笔直地穿透了过去。

光透过梳子的缝隙传播的样子

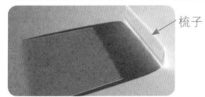

梳子

▲ 光照射在梳子上时
光从梳子的缝隙间笔直地穿透了过去。

影子　物体（障碍物）

▲ 受到光照的梳子后面摆放着物体时
光从梳子的缝隙间笔直地穿透了过去，遇到障碍物的部分光线被阻挡无法再继续前进就形成了影子。

通过实验得知的结论 无论是从哪个方向照射过来的光都是笔直传播的。在水缸里点香是因为光会和香粒子发生碰撞向四周折射，这样可以更加清楚地观察到光的传播路线。其实只需把梳子放在有光照进来的窗边，就可以清晰地观察到光通过梳子的缝隙传播出去的样子。这时如果在梳子后面摆放障碍物，原本笔直传播的光受到障碍物的阻挡无法继续前进就会形成影子，即影子是由于光直线传播的特性而产生的。因此通过上述实验可以证明，光是直线传播的。

科学家的眼睛
日常生活中可以看到的光传播的样子

从云层中透出的阳光

从暗幕中间投进的光

从灯塔发出的灯光

从打开的门缝中照射进来的灯光

影子的大小和变化

影子也有明暗之分吗？如果有的话，又是如何产生的呢？另外，影子的大小和位置为什么会发生改变？

64 观察 影子也有明暗之分

影子总体来看都是黑色的，但是仔细观察的话就会发现影子的亮度都是不一样的。在右侧的图中就可以看到不仅有黑色的影子，也有昏暗的影子。

观察荷兰画家伦勃朗的这幅自画像，看影子的光是从哪里照过来的，了解影子的明暗程度。

黑色的影子　　昏暗的影子

—— 受到光照最多的部位

—— 略暗的部位

—— 中等偏暗的部位

—— 最暗的部位

◀ 图片中的右侧整体相对较暗，由此可知光是从另一个方向也就是左侧照过来的。左侧的额头受到的光照最多也是最亮的，因此右脸相对而言就要暗一些。从图中可知脸上各部位的阴影深浅是不同的，即物体在受到光照时不是单纯地产生明和暗两个部分，而是由多个明暗层次构成的。

（甲）　　（乙）　　（丙）

◀ （甲）只画出了物体的轮廓线条，（乙）表现出了两个阶段的明暗效果，（丙）将物体上出现的多个明暗层次都表现了出来，感觉更加真实。由此可知，影子不是只有明暗两个部分组成的。

通过实验得知的结论 影子的亮度都是不一样的。绘画时如果能够将明暗效果刻画好的话，不仅人物看起来更加立体，而且会显得更加真实。

科学家的眼睛

光和影的魔术师——伦勃朗

17世纪初期，荷兰出生的画家伦勃朗是欧洲首屈一指的画家之一，与当时著名的画家达·芬奇齐名。他创造了绘画作品中的明暗效果，他的画不仅体现出了光的效果，而且还强调色彩与明暗的对立效果。他也因此被称为"近代明暗的始祖"。他留下了《自画像》、《玛利亚之死》、《圣家族》等名画。

▲ 伦勃朗1656年的作品，《雅各祝福约瑟的孩子们》

走在路上会发现有时影子比自己的身高还要长，有时却又很短。为了弄清楚影子的大小为什么会发生变化，找一个塑料泡沫球放在白纸上，然后放到阳光或灯光下观察塑料泡沫球影子的变化。

准备材料 白色的塑料泡沫球、白纸、电灯

◀ **放到阳光下时**
影子不大，但是非常清楚。

◀ **放到灯光下时**
影子比较大，但是边缘模糊，不够清楚。

通过实验得知的结论 当塑料泡沫球被放在阳光下时，球的影子非常清楚但是不大。当塑料泡沫球被放在灯光下时，球的影子变大了但是边缘相对要模糊许多。出现这种现象的原因是，太阳产生的光和电灯产生的光是不同的。太阳光是平行传播的，相当于来自一个点的光源，因此产生的影子非常清楚。但是电灯光是朝四方散开的，因此产生的影子比太阳光的大。另外由于电灯的光是从各个方向照射到物体上的，每条光线产生各自的影子，因此影子的边缘模糊不清。

科学家的**眼睛**

影子为什么会出现?

光从光源出发向四周呈直线发射出去，这称为光的直线传播。光从光源发射出去之后，遇到透明的物体会直接穿透过去，但是如果遇到不透明的物体就无法继续传播了，所以无法到达物体的另一面，影子就是因此而产生的。也就是说，影子是因为光直线传播的性质而产生的。如果光不是直线传播的，那么光就可以照射到物体的背面，影子就不会产生了。

▲ 光从侧面照过来的时候

相同的物体，如果接收到的光照方向不同，影子的形状也会随之改变。也就是说，光照方向的改变也会改变影子的形状。让朋友站到墙边，往朋友身上打上不同方向的光，观察到的影子都是不一样的。光从前面或后面照过来的时候，影子上可以看到圆圆的脑袋和身子的整体轮廓；光从侧面照过来的时候，影子上可以看到头、鼻子、嘴巴等部位的轮廓；光从下往上照的时候，影子上会看到头和肩膀变大，腿变长的样子。如果光从正面以对角线的方向照射的话，产生的影子会比真人胖一些。

影子始终是黑色的吗?

用红色的玻璃纸把手电筒裹起来，然后照射在球上会产生一个黑色的球的影子。此时如果用绿色的玻璃纸把另一个手电筒裹起来，从旁边斜着照在球上就会出现两个球的影子。这时绿色光无法通过产生的影子，受到红色光的照射，变成了红色；红色光无法通过产生的影子，受到绿色光的照射，变成了绿色。同时照到红色光和绿色光的部位会显出黄色。由此可知，影子的颜色会随光源的颜色而发生变化。

看影子剧或皮影戏的时候会发现剧中的人物影子时大时小。这是怎么办到的呢？尝试移动物体，按照自己的想法改变影子的大小。

准备材料 电灯、纸人、胶水、屏幕、人偶支架

屏幕和电灯的位置固定，改变纸人的位置

① 将屏幕、纸人、电灯按照顺序摆放好，打开电灯。

② 如果拉近纸人和电灯的距离，影子就会变大。

③ 如果拉开纸人和电灯的距离，影子就会变小。

屏幕和纸人的位置固定，改变电灯的位置

① 将屏幕、纸人、电灯按照顺序摆放好，打开电灯。

② 如果拉近电灯和纸人的距离，影子就会变大。

③ 如果拉开电灯和纸人的距离，影子就会变小。

通过实验得知的结论 当屏幕位置固定，仅纸人或电灯的位置发生改变时，屏幕上出现的纸人影子的大小也会随之变大或变小。拉近电灯和纸人的距离，影子就会变大；拉开电灯和纸人的距离，影子就会变小。也就是说，物体和光源之间的距离决定了物体影子的大小。

科学家的眼睛

给一个物体制造多个影子

影子并不是只能产生一个。一个物体也可以同时产生多个影子。只要使用多个光源同时对物体进行照射，就会看到物体产生多个影子的现象。也就是说有两个光源会产生两个影子，有三个光源就会产生三个影子。

光源

◀ 有两个光源会产生两个影子。

制作人偶影子剧

准备材料

· 投射影子的屏幕（通常用粗布或薄纸来制作，但最好可以用高丽纸，因为高丽纸透光性好，而且颜色也看得更清楚）
· 一个光源（可以用白炽灯或小台灯作为光源，照出来的影子要看得清楚）
· 人偶（需要用不透光的材质来制作）
· 人偶支架（用棍子或专用支架都可以）

制作步骤

① 写好人偶影子剧的剧本，定好人物和角色。
② 把故事中的人物画出来、剪下来之后用木棍或支架在人偶的后面进行固定。
③ 打开光源，按照剧本内容让人物依次在光源和屏幕之间登场演出剧本的内容。
※ 注意：当屏幕和光源的位置固定时，改变人偶的位置，人偶影子的大小会发生变化。

用阳光代替灯光演出的影子剧

用阳光代替灯光演出影子剧的话，光源位置是固定的，只需移动物体的位置即可。但是只移动物体的位置，照射在墙壁上的影子大小会发生改变吗？实验证明，墙上虽然出现了物体的影子，但是影子的大小不会因为物体的位置改变而发生变

▲ 当光源是太阳时，即使物体的位置发生变化，影子的大小依然不变。

化。首先，影子大小发生变化，是因为光直线传播的性质产生的，但由于太阳距离地球太远，照射到地球的时候光线几乎是平行的。因此即使改变物体与墙壁的距离和位置，由太阳照射而产生的影子大小也不会因此而改变。但是由于早晨、中午、傍晚太阳在天空的位置有所不同，所以影子的方向和影子的长度会因此而产生变化。

制作让影子更加鲜明的手电筒

① 把黑色图画纸裁成合适的大小卷成圆筒形，把小电珠围起来。
② 打开手电筒的盖子，把用黑色图画纸围起来的电珠拧到上面。
③ 这样电珠的光不会散开，照出来的影子线条也更加清晰。

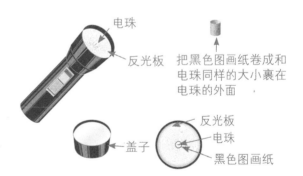

电珠
反光板
把黑色图画纸卷成和电珠同样的大小裹在电珠的外面

盖子
反光板
电珠
黑色图画纸

利用影子制作的时钟——日晷（guǐ）

人类在很早以前就利用影子制作出了时钟，这种时钟称为日晷。因为太阳的运动是有规律的，因此太阳光照射产生的影子也是具有一定规律的。日晷就是利用了这个原理制成的。

日晷

影子的长度既可以变长，也可以变短。而且既可以出现在物体的前方，也可以出现在物体的后方。为什么会出现这些现象呢？下面我们通过观察影子一天之内的变化来寻找答案吧。

早晨　　中午　　傍晚

太阳高度高的时候

太阳高度低的时候

▲ 一天中不同时段，树木影子的方向和长度都是不同的。早晨太阳刚升起的时候和傍晚太阳下山的时候影子又长又大，中午太阳悬挂高空的时候影子则又短又小。而且影子始终位于太阳的对立面。

▲ 正午，太阳的高度较高，影子的长度比较短；早晨和傍晚，太阳的高度较低，影子的长度比较长。

通过观察得知的结论 观察树木和朋友的影子会发现，影子的长度和方向会随着太阳位置的改变而改变，也就是说，影子的长度和方向是与太阳的运动有关的。

68 观察 光源对影子的影响

光源的位置决定了影子的长度和方向。将影子的顶端和物体的顶端连成一条线，再将这条线延长就可以找到光源的位置。这与光直线传播的性质是有直接关联的。当看不到光源的时候，就可以利用影子的长度和方向来寻找光源。

准备材料 手电筒、酸奶瓶

光源的位置

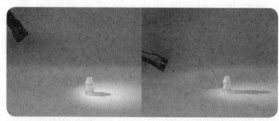

▲ 将妈妈影子的顶端和妈妈的头顶连成一条线，将孩子影子的顶端和孩子的头顶也连成一条线，这两条线延长之后的交点就是光源的位置。

▲ 光源的位置变高，影子的长度就会变短。

▲ 光源的位置变低，影子的长度就会变长。

通过观察得知的结论 通过观察可知，影子的长度和方向会随光源的位置而发生改变。这是由光直线传播的性质而决定的。如果利用这个性质找不到光源的话，可以将影子的顶端和物体的顶端连成一条线，光源就位于这条线的延长线上。

挑战无限速度——光通信

在过去，人们用驿站、烽火和鼓声来传递紧急的消息，因此最快也需要1~2天的时间才能够将消息送达。然而如今随着电话、网络、人工卫星等各种信息通信设备的发展，世界上任何一个地方发生的事情都可以实现随时随地的共享。

仅从手机的演变史就可以清楚地看到信息通信技术的发展。

最初的手机个头很大而且只能打电话，随着技术的发展又增加了发短信的功能。最近不仅出现了面对面的视频通话功能，还可以用DMB收看电视节目，另外还有拍照、听音乐等丰富多彩的功能。人们开始用网络传递信息，用手机看电视，把手机拍的照片发送到朋友的手机上，这些都是光通信的功劳。所谓光通信，是通过两股由玻璃构成的光纤维传递信号的通信方式。

过去，人们通过电线里的铜线来传递电信号，以此来传递和接收信息。现在，利用光传递信息的光通信得到了极大的发展，人们得以在很短的时间内传递和接收大量的信息。

光通信的方式具体来讲就是，发送信号的设备（送信终端设备）将电信号转换成光信号之后，通过光纤维进行传递。接收信号的设备（收信终端设备）将接收到的光信号重新转换为电信号，并从中获取想要的信息。

发送方　　　　　　　　　　　　**接收方**

| 数据 | 影像 | 声音 |

MOD / COD / MUX

DEM / DEC / DEMUX

LD　　　　　　　　　　　　　　　APD

电/光调制器　　　　　　　　　　　　　电/光调制器
光/电纤配线架　　　　　　　光/电纤配线架

将电信号转换成光信号的装置

光纤

将光信号转换成电信号的装置

能量·光

弹簧测力计

人们是从什么时候开始使用弹簧测力计的？弹簧测力计又是利用什么原理测量物体重量的呢？

 69 观察 **如何测量力**

人们为了准确测量各种物体的重量会使用到各式各样的测量工具。其中弹簧测力计是利用弹簧的特性来称量物体重量的一种测量工具，通常用于学校科学室里测量钩码或各种物体的重量。观察弹簧测力计，掌握弹簧测力计的正确使用方法，并了解弹簧测力计称量物体的原理。

准备材料 弹簧测力计、钩码

◀ **挂钩**
用于把弹簧测力计固定在支架上，方便在下面挂上需要测量的物体。

◀ **指针**
位于弹簧测力计的顶端，方便阅读刻度，了解被测量物体的重量。

◀ **刻度盘**
表示物体的重量，通常以g、kg为单位进行标注。

▶ **零刻度调节螺母**
当弹簧测力计上没有悬挂物体时，调节指针指向"0"刻度的螺母。在测量物体之前首先要转动螺母，调节指针指向"0"刻度。

▶ **读取刻度**
在挂钩上悬挂物体，弹簧伸长，指针下移，读取此时指针所指的刻度即可。注意，读刻度时，眼睛应与指针位于同一水平线上。

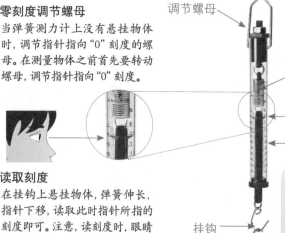

挂钩
调节螺母
零刻度
指针
刻度盘
挂钩
钩码

通过观察得知的结论 弹簧测力计是利用弹簧的特性来称量物体重量的，使用前要先转动调节零刻度的螺母，使指针指向"0"刻度，然后在挂钩上悬挂物体，弹簧伸长之后、指针指向的刻度就是物体的重量。

科学家的眼睛

弹簧测力计的种类

弹簧测力计多用于称量实验室里钩码、科学用品等重量比较轻的物体。弹簧测力计的种类是根据最大称量重量来进行划分的。

如果在弹簧测力计上悬挂超出最大称量重量的物体，指针将超出刻度盘的范围，或者导致弹簧过度伸展无法作为称重工具来计数。因此在测量时，应该根据物体的大概重量选择合适的弹簧测力计。

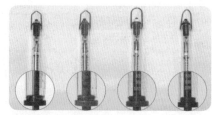

最多可以称量100g、200g、1000g、2000g物体的各种弹簧测力计

了解弹簧测力计的使用方法，并尝试用弹簧测力计测量身边常见物体的重量。

准备材料 弹簧测力计、支架、各种物体

① 用手大概掂量一下物体的重量。

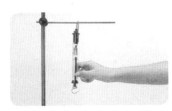

② 把支架放在平坦的地面上，并把弹簧测力计固定在支架上。

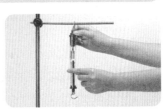

③ 利用零刻度调节螺母调整指针的位置，使指针指向"0"刻度。

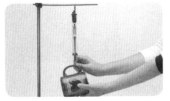

④ 把需要测量的物体悬挂在弹簧测力计底端的挂钩上。

⑤ 眼睛和指针保持水平阅读刻度，比较称量的重量和用手掂量的重量。

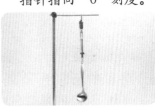

⑥ 再称量其他的物体，比较称量的重量和用手掂量的重量。

通过实验得知的结论 利用弹簧受力伸长，不受力会恢复原样的性质，我们可以使用弹簧测力计测量各种物体的重量。虽然用手掂量可以快速推测出大概的数据，但是想要知道准确的数据还是要用到称量工具。

科学家的**眼睛**

弹簧测力计的原理

在垂直悬挂的弹簧测力计上悬挂钩码，弹簧就会伸长。用手拉动弹簧测力计，弹簧也会伸长。无论是悬挂钩码还是用手拉都是对弹簧施加向下拉的力量。物体在受到作用力时会发生变形，而且力量越大，变形的程度就越大。弹簧测力计就是利用了这样的原理来进行测量的。

▲ 对弹簧施加的力越大，弹簧伸长的长度就越长；对弹簧施加的力越小，弹簧伸长的长度就越短。

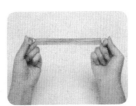

▲ 弹簧具有想要恢复原来状态的弹力，因此一旦施加在弹簧上的力量消失，弹簧就会恢复原样。

怎么做弹簧的长度才会变长呢？增加悬挂在弹簧上的钩码数量，测量并记录弹簧伸长的长度，了解钩码的数量和弹簧的伸长长度之间有什么关系。

准备材料 弹簧、支架、厚图画纸、签字笔、20g钩码5个、夹子2个、尺子

① 用夹子把厚图画纸固定在支架上。

② 把弹簧悬挂在支架上。

③ 确认将要悬挂在弹簧上的钩码重量。

④ 把什么都没有挂时弹簧的长度记录下来，并标记为刻度"0"。

⑤ 在弹簧上悬挂一个钩码，用尺子把弹簧底端所指的位置标注出来，写上刻度和钩码的重量。

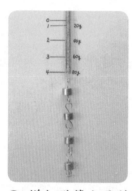

⑥ 增加弹簧上悬挂的钩码数量，每增加一个就把弹簧底端所指的位置标注出来，写好刻度和钩码的重量。

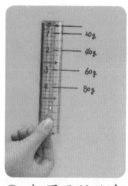

⑦ 把图画纸从支架上取下来，用尺子测量每个刻度之间的距离。

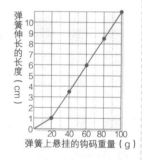

⑧ 将每增加一个钩码，弹簧的伸长长度用图表记录下来。根据图表可知，弹簧的伸长长度随着钩码个数的增加而增加。

通过实验得知的结论 随着悬挂在弹簧上的钩码数量，即物体重量的增加，弹簧的长度也在不断增加。这时物体的重量增加2倍、3倍，弹簧伸长的长度也跟着增加2倍、3倍。将实验结果记录在图表中时，横轴为悬挂在弹簧上的钩码重量，纵轴为弹簧伸长的长度，然后把点标注出来之后连成一条线。例如，悬挂1个20g的钩码时，弹簧伸长了1cm，那么焦点就是横轴"20"和纵轴"1"的交会处。

弹簧的长度随钩码重量产生变化的图表

当悬挂在弹簧上的钩码数量逐个上升时，弹簧长度的变化应该呈现出一条直线才是正常的。但是，由于各种原因的影响图表上的线并不是一条平滑的直线。其中一个原因就是市面上销售的弹簧性质不同。通常市面上销售的弹簧和正常的弹簧比起来压缩的程度要大一些，因此挂上第一个20g钩码时伸长的长度和挂上第二个钩码时伸长的长度并不是成两倍的比例。所以就有可能出现与前面实验中图表类似的情况。

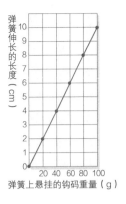

弹簧伸长的长度（cm）

弹簧上悬挂的钩码重量（g）

随着力量的大小，弹簧长度发生变化的物体

▲ 当有重量的物体坐到上面时，蹦床的弹簧就会伸长。

▲ 当双手抓住手柄往中间用力压时，腕力器的弹簧就会伸长。

▲ 当人们骑上自行车时，自行车坐垫的弹簧就会收缩。

▲ 当孩子们坐上去的时候，玩具车边缘的弹簧就会伸长。

想要恢复原来状态的弹力

在弹簧上悬挂钩码或者用手拉动弹簧，弹簧的长度就会被拉长。但是如果取下悬挂在弹簧上的钩码或者松开拉弹簧的手，弹簧就会恢复原来的状态。类似弹簧这种在发生变形的时候产生的想要恢复原来状态的力量称为弹力。这是因为构成物体的分子拥有维持自身形状的性质而产生的力量。不同物质具有的弹力大小不同，其中类似弹簧和橡胶之类的物质弹力相对较大。

但是如果过分拉伸弹簧或橡胶，它们也有可能无法再恢复到原来的状态。这是因为恢复原来状态的性质是有一定限度的。这种限度称为"弹性限度"。

▲ 弹簧具有弹力。

▲ 如果超过了弹簧的弹性限度，弹簧就不再具有弹力。

物体是有重量的。在对物体的重量进行准确测量之前，先用手掂量一下物体，这时可以明显感觉到物体的重量是不同的。托起重量大的物体比较吃力，托起重量不大的物体就比较轻松。用弹簧感受一下物体的重量吧。

▲ 比50g钩码感觉轻一些。

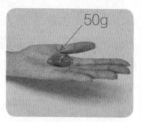

▲ 比20g钩码感觉重一些。

准备材料 相同种类的弹簧、支架、20g钩码

① 把相同种类的弹簧固定在支架上。

② 在一侧的弹簧上悬挂钩码，弹簧会因钩码的重量伸长一定的长度。

③ 用手拉动另一侧的弹簧，使弹簧伸长的长度与悬挂钩码的弹簧保持一致。

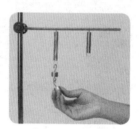

④ 在一侧的弹簧上再加一个钩码。

⑤ 观察悬挂钩码之后，弹簧伸长的长度。

⑥ 再用手拉动另一侧的弹簧，使弹簧的长度与另一个弹簧保持一致，比较两次的力量。

> 需要用到和20g钩码比较时两倍的力量

通过实验得知的结论 在一侧的弹簧上悬挂20g的钩码时，若想用手让另一个弹簧伸长相同的长度就需要用上相当于20g的力量。当弹簧上的钩码变成2个时，用手拉弹簧的力量也需要增加到相当于20g的两倍。因为物体重量越大，地球对物体的吸引力也就越大。因此物体越重，弹簧伸长长度也就越长。反之，想要让弹簧被拉得越长，用的力量也就越大。综上所述，在弹簧上悬挂的物体重量越大，弹簧伸长的长度也就越长。

科学家的眼睛

重量

地球上的所有物体都受到来自地球中心的吸引力。这也是我们松开拿在手里的东西，东西就会往下掉，即使抛到空中最终还是会落回地面的原因。所谓重量，就是地球对物体吸引力的大小，也可以说是物体的轻重程度。地球对重的物体产生的吸引力大，对轻的物体产生的吸引力小。因此称量物体的重量其实就是在测量地球对物体吸引力的大小。

我们用体重来打个比方，地球对体重小的人产生的吸引力比对体重大的人产生的吸引力要小得多。也就是说，地球对体重大的人产生的吸引力更大一些。

73 实验 测量弹簧伸长的长度随重量的变化

用手拉弹簧的时候可以感受到，弹簧随物体重量的变化而产生的长度变化是不同的。这次实验的目的不是为了测量力量的大小，而是通过在弹簧上悬挂物体并测量弹簧伸长的长度，以此了解弹簧伸长的长度与悬挂物体重量之间的关系。

准备材料 相同种类的弹簧、支架、20g钩码、尺子

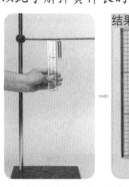 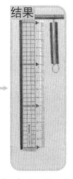  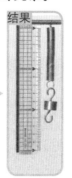 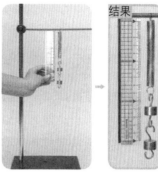

① 将弹簧固定在支架上，测量此时弹簧的长度。
▲ 弹簧长度为5cm。

② 在弹簧上悬挂20g的钩码，用尺子测量弹簧伸长的长度。
▲ 弹簧长度为6.5cm，弹簧长度伸长了1.5cm。

③ 再挂一个20g的钩码，用尺子测量弹簧伸长的长度。
▲ 弹簧长度为8cm，弹簧长度又伸长了1.5cm。

通过实验得知的结论 物体的重量可以通过测量弹簧的长度来获取数据。这与单纯感受弹簧的拉力不同，可以更加准确地对重量进行比较。弹簧原来的长度是5cm，悬挂20g钩码时长度是6.5cm，悬挂40g钩码时长度是8cm。也就是说，每增加1个钩码，弹簧的长度就伸长1.5cm。对弹簧原来的长度和伸长后的长度进行比较就可以知道，钩码的重量越大，弹簧的长度就越长。因此想要用手把弹簧拉成和悬挂物体时相同的长度，物体越重用的力量也就越大。

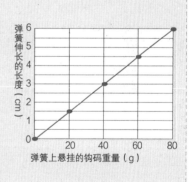

纵轴：弹簧伸长的长度（cm）
横轴：弹簧上悬挂的钩码重量（g）

重量的单位

日常生活中常用的重量单位有g和kg，g的中文读法是"克"，kg的中文读法是"千克"，1kg等于1000g。因此kg多用于描述人的体重或大米等重量较大的物体，而g则用于描述零食包装、书、芝士等重量较轻的物体。

一袋薯片约45g

一本书约600g

洗衣粉约3kg

大米约5~10kg

寻找平衡

如何寻找物体的平衡？如何利用平衡的原理来测量物体的重量？

74 实验 在两个重量相似的物体间寻找平衡

跷跷板两头如果坐着两个体重不同的人，跷跷板会朝体重较重的人那一边倾斜。为了让跷跷板不倾斜，就要改变人坐的位置。像这样使物体维持水平，不向任何一侧倾斜的状态就称为平衡。使物体实现平衡的过程就叫作寻找平衡。

将重量不同或相同的物体分别系在木棍的两端，观察两个物体系在什么位置上时木棍能够保持平衡，通过实验学习寻找平衡的原理。

准备材料 粗细均匀的木棍、线、动物卡片

① 把线系在木棍的中间。

② 把线提起来，看木棍是否左右平衡。

③ 在木棍的两头分别挂上重量相当的物体。

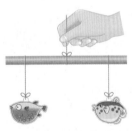

④ 再把中间的线提起来，看木棍是否左右平衡。

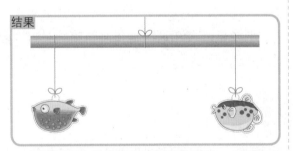

结果

▲ 当木棍两边悬挂的物体重量相同时，木棍可以保持平衡。

通过观察得知的结论 当木棍两边悬挂的物体重量相同时，如果两个物体分别悬挂在距离系线的部位相同距离的位置上，那么木棍就可以保持平衡。

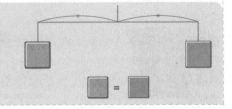

如果木棍两边悬挂的物体重量不相同，为了使木棍保持平衡，应该将物体分别悬挂在木棍的什么部位呢？

准备材料 粗细均匀的木棍、线、动物卡片

 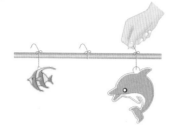 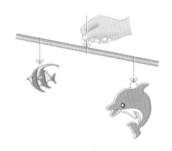

① 把线系在木棍的中间，然后把线提起来，看木棍是否左右平衡。

② 在木棍的两头分别挂上重量不同的物体。

③ 再把中间的线提起来，寻找能够使木棍保持平衡的位置。

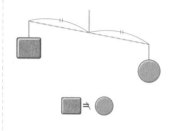 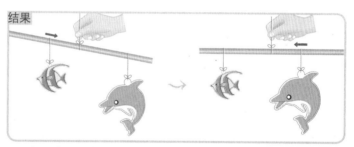

结果

▲ 当两个重量不同的物体悬挂在木棍的两端时，木棍无法保持平衡。

▲ 为了找到平衡，将左侧的物体向中间移动，结果木棍朝右侧倾斜得更加厉害。

▲ 于是将左侧的物体移回原位，然后将右侧的物体逐渐向中间移动，最终找到了平衡。

通过实验得知的结论 当木棍两边悬挂的物体重量不同时，以木棍上的系线部位为中心，沉的物体应该挂在靠近中心点的位置上，轻的物体应该挂在远离中心点的位置上，这样木棍才能够保持平衡。

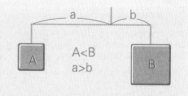

A<B
a>b

会动的小物件——风铃的原理

风铃是由各种被细线或铁丝组成的小物件构成的，而且风铃必须保持左右平衡才看出它优美的模样。

若想让风铃维持平衡，沉的物件就必须挂在靠近中心点的位置上，轻的物件就必须挂在远离中心点的位置上。

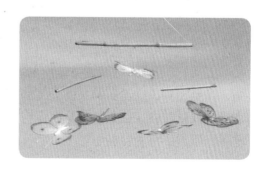

想要让天平维持平衡就要考虑到天平两端悬挂物体的重量，以及物体与天平中心点的距离。下面我们就来看一看天平是如何寻找平衡的吧。

准备材料 天平、弹簧、钩码

① 把天平放在平坦的桌子上。

零刻度调节螺母

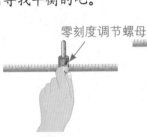

② 旋转位于天平中间的零刻度调节螺母，使天平保持水平。

弹簧伸长的长度与钩码的重量成正比.

③ 在天平的一边挂上弹簧，再在弹簧上挂上钩码。

结果

▲ 天平朝悬挂有弹簧和钩码的一边倾斜。

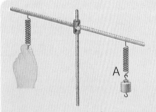

④ 在与A距离中心位置相同的另一侧也挂上弹簧，并用手拉动弹簧使天平恢复水平状态。

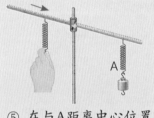

⑤ 在与A距离中心位置略近的另一侧也挂上弹簧，并用手拉动弹簧使天平恢复水平状态。

⑥ 在与A距离中心位置略远的另一侧也挂上弹簧，并用手拉动弹簧使天平恢复水平状态。

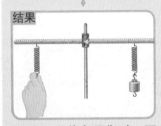

▲ 在天平恢复平衡时，两边弹簧伸长的长度相同，即手用的力量与钩码的重量相同。

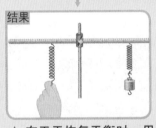

▲ 在天平恢复平衡时，用手拉的这一边弹簧伸长的长度比另一边的长，即手用的力量比距离相等时更大。

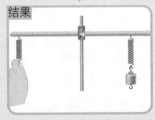

▲ 在天平恢复平衡时，用手拉的这一边弹簧伸长的长度比另一边的短，即手用的力量比距离相等时更小。

通过观察得知的结论 当两根弹簧距离天平中心位置的距离相等时，如想使天平恢复平衡，弹簧因钩码重量而伸长的长度和被手拉长的长度应该是相等的。用手拉的弹簧距离中心位置越近，使天平恢复平衡所需的力量就越大；距离中心位置越远，使天平恢复平衡所需的力量就越小。

我们来用长方形的木板、三角形的支架以及积木来制作一个简易跷跷板，并通过实验来理解一下物体寻找平衡的原理。把三角形的支架垫在长方形木板的下面，找到平衡之后，往木板的两头堆放积木，再使木板找到水平。记录实验中使木板维持水平时，用到的积木个数和堆放的位置。

准备材料 长方形木板、三角形的支架，几块大小重量相同的积木

能量·力量

木板
支架

① 把三角形的支架垫在长方形木板的下面，找到平衡。

② 在木板的两头与中心距离相同的位置上放上相同数量的积木块，使木板维持平衡。

③ 如果距离相同，积木的个数不同的话，木板会向重量大的一侧倾斜。这时看看有什么办法可以让木板恢复平衡。

结果
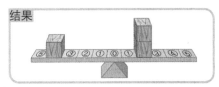

▲ 把积木数量多的一边放到靠近中心点的位置上，木板就可以恢复平衡了，或者将支架向重量较大的一边移动也可以获得相同的效果。

（通过实验得知的结论）相同重量的积木必须放在与支点距离相同的位置上，木板才能够保持平衡。如果木板两侧的积木重量不同，重量大的一侧应该放在靠近支点的位置上，木板才能够保持平衡。我们在公园里坐跷跷板的时候，体重重的小朋友要比体重轻的小朋友坐得往里一些才可以让跷跷板动起来，这和我们的实验是一个道理。

科学家的眼睛

比较重量

假设大象和老鼠一起坐跷跷板的话，跷跷板会向哪一边倾斜呢？如果两个体重不相等的人，坐在距离支点相同的位置上，那么跷跷板会向体重重的那一边倾斜。因此为了让跷跷板恢复平衡，体重重的人应坐在靠近支点的地方，而体重轻的人应坐在远离支点的地方。

另外，即使木板是水平的，也不能断定两边放的物体重量就是一样的，还应该同时符合两个物体与支点的距离相等的条件才行。

苹果　橘子

▲ 虽然木板是水平的，但是苹果的位置比橘子更靠里，所以苹果更重一些。

▲ 虽然木板是水平的，但是支架更靠近放有苹果的这一边，所以苹果更重一些。

梨

▲ 虽然两种水果放置的位置相同，但是木板朝梨这边倾斜，所以梨更重一些。

利用平衡原理来测量物体重量的工具中还有一种名为托盘天平的秤。了解托盘天平的使用方法，并用托盘天平测量一下各种物体的重量。

准备材料 托盘天平、砝码、镊子、物体

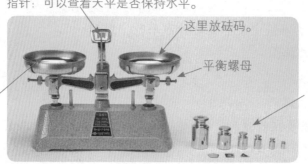

指针：可以查看天平是否保持水平。

这里放砝码。

平衡螺母

需要测量的物体放在这边的托盘里。

砝码：在天平或托盘天平中用于测量重量时的标准参照物。分为100g、50g、10g、0.5g、0.1g等不同的重量。

托盘天平　　　　砝码　　　　砝码　镊子

① 将托盘天平放在平坦的桌面上，旋转两头的平衡螺母使指针指向中间位置。

② 将需要称量的物体放在一侧（左侧）的托盘上。

③ 根据物体的大概重量，用镊子夹取合适的砝码放在另一侧（右侧）的托盘上，看指针是否指向中间的位置。

④ 如果指针倾斜，不断改变砝码的重量直至指针指向中间位置。

⑤ 当指针指向中间时，将托盘里的砝码数量全部相加，以g（克）为单位读取数据。

▲ 砝码的总重量是60g，因此笔袋的重量就是60g。注意，砝码的重量就等于物体的重量。

通过实验得知的结论 用托盘天平称量物体重量时，一侧的托盘放被称量的物体，另一侧的托盘放砝码，看到托盘天平的指针指向中间位置时，将砝码的克数相加读取数据。注意，在往托盘天平上放砝码时，务必使用镊子，而且要先从重量大的砝码开始放，重量小的砝码最后放，这样测量出来的数据才是最准确的。由于托盘天平的两臂长度相等，因此当指针指向中间时，砝码的重量就等于物体的重量。由此可知，托盘天平是利用平衡原理来测量物体重量的工具。

利用平衡原理制作的秤

托盘天平

天平

秤杆

秤砣 托盘

杆秤

▲ 托盘天平和天平两侧的托盘与支点的距离是相同的。因此当天平保持水平时，两侧物体的重量是相同的。所以一侧的托盘放被称量的物体，另一侧的托盘放砝码（钩码），且天平保持水平时，砝码（钩码）的重量就等于物体的重量。

▲ 杆秤的秤杆上刻有刻度，秤杆的一端挂有一个托盘，秤杆上挂着一个秤砣。称量时先把要称重的物体放在托盘上，然后移动秤砣的位置，待秤杆保持水平时，根据秤砣的重量和秤杆上的刻度来测定物体的重量。

利用弹簧制作的秤

弹簧秤是利用弹簧上悬挂的物体越重，弹簧伸长的长度就越长的原理制成的。将物体放到弹簧秤上时，弹簧受力伸长使齿轮转动，紧接着物体的重量就显示在了刻度盘上。取下物体之后，弹簧缩短恢复原状，指针重新指向"0"刻度。

弹簧

体重秤

弹簧

家用弹簧秤

电子秤

随着科学技术的发展，人们又发明了精密的电子秤。电子秤里面安装有灵敏的传感器，它可以感应到放在电子秤上的物体的重量，并用数字显示出来。

实验室用电子秤

家用电子秤

电子体重秤

能量·力量

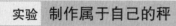

下面让我们利用寻找平衡的原理或弹簧的性质制作一个属于自己的简易秤吧。在制作之前请大家先思考一下要参考什么样的原理，如何标记刻度，需要准备哪些材料。

> **准备材料** 尺子、弹簧、线或绳子、一次性盘子、透明的圆筒、白色胶带、回形针、剪刀、重量相同的钩码、笔

① 将制作秤所需要的材料都准备好。

② 把弹簧系在线上。

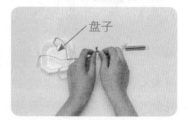

③ 在线的另一头系上盘子。

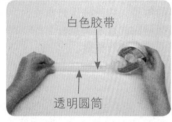

④ 在透明圆筒上贴上白色胶带。

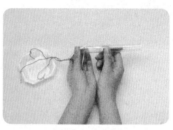

⑤ 把弹簧放进透明圆筒里。

⑥ 将弹簧的顶端用回形针固定在透明圆筒上。

⑦ 用标准物体标注出刻度之后，用自己制作的秤来称量物体的重量。

通过实验得知的结论 我们可以利用弹簧的性质或平衡的原理来制作属于我们自己的秤，并用它来称量物体的重量。
利用平衡原理制作的秤，需要准备尺子、夹子、牛奶盒、支架、橡皮泥和线等物品，有这些材料就可以制作出一个简易的天平秤了。

科学家的眼睛

标准物体

在利用弹簧测力计或托盘天平测量物体的重量时，需要用到钩码或砝码等来表示重量的物体，这些物体就称为**标准物体**。如果没有钩码或砝码，用回形针或围棋棋子等重量固定且大小适宜放到托盘上的物体充当标准物体也是可以的。但是形状不规则的石头或者大小各不相同的扣子等就不适宜作为标准物体使用了。

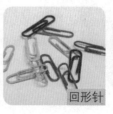

回形针

围棋棋子

水平的原理——重心

粗细、材料、形状规则的物体，只需把物体的中央支撑起来就可以维持水平。反之，粗细、材料、形状都不规则的物体，如果把物体的中央支撑起来就会朝重的一边倾斜。为什么会出现这种现象呢？

能量·力量

重心是什么？

所谓重心就是将物体悬挂或支撑在任何地方都可以找到平衡的点。这个点就是"重量的中心"，即重心。与其说重心是两侧重量相同的点，倒不如说是两侧可以实现平衡的点要来得更准确。只要找准了重心，我们就可以把物体撑起来。另外如右图所示，只需将穿过物体重心的线放在支架上，物体就可以维持水平。

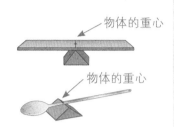

▲ 重心和寻找平衡

① 在线上挂一个钩码。

② 将物体的一角悬挂在线上，按照线画出一条直线。

③ 再换一个地方悬挂在线上，依然按照线画出一条直线。

④ 两条直线的交会处就是物体的重心。

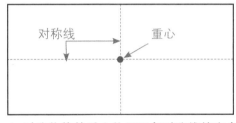

▲ 对称物体的重心位于两条对称线的交会处。纸张、尺子等左右对称的物体就可以利用这个方法来寻找重心。

▲ 寻找不对称物体的重心时，首先在线上挂一个钩码，将物体悬挂起来画出两条铅垂线，这两条线的交会处就是物体的重心。

物体的重心和物体的平衡

意大利的萨城有一座世界闻名的神奇建筑名为"比萨斜塔"。这座塔是1174年开始建造的，在刚建完第一层的时候就开始倾斜。建筑物倾斜的原因是萨城属于沿海地区，土壤主要由沙子和黏土构成，这样的地面承受不了塔的重量所以就出现了下沉。在经历一番周折之后，比萨斜塔又重新开始修建并于1360年完工，现在它依然在以每年1mm左右的深度向南侧倾斜。但是即便如此它依然没有倒塌就是因为物体重心的作用。

只要物体的重心位于支撑面的上面就不会倾倒。但是如果重心脱离了支撑面，物体就会倒塌。因此，如果塔的重心的延长线脱离了地面，比萨斜塔就会倒塌了。

传递

为什么对锅底进行加热，整个锅都会变烫呢？热是如何进行传递的？

80 实验 观察热在固体中的传递方向

用锅煮土豆的时候，对锅的底面进行加热，不仅锅底会变烫，锅身、手柄以及水里的土豆都会跟着变烫。用手摸冰块时，手也会跟着变凉。下面我们就来了解一下热是如何进行传递的，以及热在传递时会发生哪些现象。

准备材料 锡箔盘、三脚架、酒精灯、彩色的蜡烛、点火器、夹子、护目镜、手套

对锡箔盘的中间进行加热时

温度低的地方

锡箔盘
蜡烛液
酒精灯

结果

温度高的地方

▲ 在锡箔盘上以相同的间距滴上蜡烛液，使蜡烛液呈一个个同心圆的形状排列。用酒精灯对锡箔盘的中间进行加热。

▲ 滴在锡箔盘中间位置的蜡烛液开始熔化，然后逐渐向边缘蔓延，最终全部的蜡烛液都熔化掉了。

对锡箔盘的边缘进行加热时

温度低的地方

结果

温度高的地方

▲ 在锡箔盘上以相同的间距滴上蜡烛液，使蜡烛液呈一个个同心圆的形状排列。用酒精灯对锡箔盘的边缘进行加热。

▲ 滴在锡箔盘左侧的蜡烛液开始熔化，然后逐渐向边缘蔓延，最终全部的蜡烛液都熔化掉了。

通过实验得知的结论 从滴在锡箔盘上的蜡烛液熔化的样子可以看出，加热部位的蜡烛液最先开始熔化，然后逐渐向外围扩散，最终位于远处的蜡烛液也熔化掉了。这是因为热在构成固体锡箔盘的物质中得到了传递。如上所述，热在物体中从温度高的地方向温度低的地方传递的方式被称为**热传导**。热传导主要是发生在固体中的，是热在物体中逐渐被传递开的热传递方式。

我们生活中的热传递

当两个温度不同的物体发生接触时，温度高的物体会将热传递给温度低的物体。起初温度高的物体温度开始降低，温度低的物体温度开始升高，最终两个物体的温度会变得几乎一样。

▲ 保存在冰块中的海鲜：热从海鲜向冰块传递。

▲ 放在热水中的盒装牛奶：热从热水向牛奶传递。

▲ 用手捧住盛有热饭的碗：热从饭碗向手传递。

▲ 用手捧住盛有刨冰的碗：热从手向刨冰传递。

热和温度

热是一种既可以改变物体的温度，也可以改变物体的状态（固体、液体、气体）的能量。例如，对固体状态的冰加热的话，冰就会变成液体状态的水。另外，热作为能量的一种形态也可以转变成其他形态的能量。

温度描述的是物体冷或热的程度，通常用温度计上的数值来进行表述。一般情况下如果物体的量是固定的，那么温度高就说明物体含有的热量多，温度低就说明物体含有的热量少。当温度高的物体和温度低的物体发生接触时，温度高的物体会不断向温度低的物体传递热，温度高的物体温度不断下降，温度低的物体温度不断上升，直至两者的温度变成一样为止。这就说明如果热量相同，那么温度也是相同的。热静止下来不再发生传递的状态称为**热平衡**。

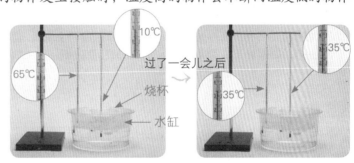

▲ 将装有10℃水的烧杯放在装有65℃水的水缸中，过了一会儿，两个容器中的水温都变成了35℃。

热炕的构造和原理

热炕（地暖）是中国最传统的取暖方式。热炕的发热原理是在灶孔里烧火，炕板石被烧火的热气烘热，由此而来的热气使房间的地面发烫，在这中间就利用了热传递的原理。

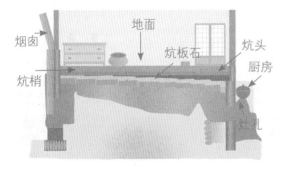

炕板石从炕头到炕梢逐渐变薄，炕头距离地面远一些，到炕梢这边的时候几乎与地面是贴合的。炕头由于和烧火的灶孔非常靠近温度可能会非常高，因此用厚石板隔开，还涂上了厚厚的黏土。而炕梢与灶孔隔得远，所以用的炕板石比较薄，很快就可以暖和起来。

在我们身边有许多固体物质，热在这些物质中的传递速度是一样的吗？下面我们就通过实验来了解一下热在不同物质中传递的速度有怎样的区别。

准备材料 细长的铜棒和玻璃棒、巧克力、酒精灯、三脚架、点火器、护目镜、手套、石棉网

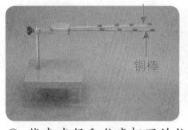

玻璃棒
铜棒

巧克力碰到明火可能会出现烧焦的现象，因此不宜加热过长的时间。

① 找来直径和长度相同的长玻璃棒与长铜棒各一根。在相同的位置上分别放上四块小巧克力块。

② 对放有巧克力块的玻璃棒和铜棒一端用酒精灯进行加热。

通过实验得知的结论 实验结果显示，铜棒上的巧克力比玻璃棒上的巧克力熔化得更快，也就是说铜棒升温比玻璃棒快。由此可知，热在铜棒里的传播速度比在玻璃棒里的传播速度快。

结果

▲ 两根棒上的巧克力块都是从靠近酒精灯的那块开始变软的。

▲ 铜棒上的巧克力比玻璃棒上的巧克力熔化得更快。

热在固体中的传递速度由构成物体的物质决定，通常金属比其他物体的热传递速度要快。像这样不同物质传导热量的能力称为**热传导率**，物质的热传导率各不相同。

科学家的眼睛

不同物质的热传导率在日常生活中的应用案例

物质的热传导率各不相同，在我们的日常生活中有许多物品在设计时就考虑到了这一点。其中最具代表性的生活用品有煮锅和熨斗。煮锅和平底锅的底面和侧面为了对食物进行加热，用的是热传导性能较好的金属材质；然而手柄部位则为了防止手被烫伤，用的是热传导性能不好的塑料或木头材质。另外，为了快速传递热量，熨烫衣服时用到的熨斗底面是金属材质的；而熨斗的手柄和其他部位为了安全采用了塑料材质。放在烤箱中使用的碗为了更好地传递热量，采用的是热传导率高的材质；而从烤箱中取出食物时戴的手套为了保护手，用的是厚厚的布料。

热传导性能不好的物质

煮锅
热传导性能好的物质

热传导性能不好的物质

熨斗
热传导性能好的物质

热传导性能不好的物质

碗和防烫手套
热传导性能好的物质

能量·热

固体因构成物质的不同，传递热的速度也各不相同。思考一下由哪种物质构成的物体传递热的速度比较快。通过实验寻找热传导性能好的物质。

准备材料 热水、锅、黄油、塑料汤勺、木质汤勺、铁汤勺

煮锅

① 在煮锅里加入热水。

黄油

② 在木质汤勺、塑料汤勺和铁汤勺的手柄顶端分别放上等量的黄油块。

木质汤勺 塑料汤勺 铁汤勺

③ 把三把汤勺同时放进装有热水的煮锅中。

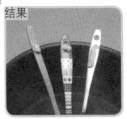

结果

▲ 按照黄油熔化的速度排序依次是铁汤勺、塑料汤勺、木质汤勺。

通过实验得知的结论 根据放在铁汤勺、塑料汤勺和木质汤勺上黄油的熔化速度就可以知道什么物质的导热速度最快。放在铁汤勺上的黄油熔化得最快，由此可知铁在这三种物质中导热的速度是最快的。

热在银、铜和铁之类的金属物质中的传递速度较快，而在塑料等非金属物质中却不容易发生传递。像木头和塑料这些热传导性能不好的物质称为**绝热体**。

科学家的眼睛

用石锅煮酱汤的原因

韩国人的祖先在煮汤的时候习惯用黑色的陶瓷碗，也就是我们常说的石锅。韩国人喜欢使用石锅的原因和它的热传导性能有很大的关系。石锅是用泥土制成的，用泥土制成的石锅比起用铁制成的煮锅热传递发生得比较慢。因此虽然加热所需的时间比铁制锅要长一些，但是反过来变凉也需要比较长的时间。用石锅来煮汤的话，一直到整顿饭吃完为止，锅里的汤还可以保持一定的温度。这也是人们在烤肉时喜欢用石板的原因。

石锅

烤肉石板

热在固体中是如何传递的？

组成物质的分子在受热时，分子会产生快速的震动。由于构成固体的分子彼此靠得非常近，振动过程中彼此发生碰撞，能量就这样传递开了。也就是说构成物体的分子本身不发生位移，只是单纯地传递能量而已。而且银、铜等金属物质中含有大量自由活动的"自由电子"，这使得金属的热传导性能高于其他的物质，其中银的热传导率最高。

组成固体的分子（模型）

▲ 对铁棒进行加热时，热的传递
构成铁的分子在受热时，通过分子的快速振动实现热的传递。

传递 109

对流

在煮大麦茶的时候，水壶里的水是如何变热的？冬天暖气是如何让房间变暖和的？

83 实验 加热时水如何运动

大家一定都煮过方便面，或者用水壶烧过水。用水壶烧水的时候，我们只是对水壶的底面进行加热，但为什么整个水壶里的水都会变热呢？下面我们就来看一看热在水里是如何进行传递的。

准备材料 试管、木屑、水、支架、酒精灯、手套、试管夹

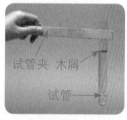

① 在试管内倒入2/3左右的水，加入少量的木屑。

② 将试管固定在支架上。

注意 在试管里加入木屑是为了在水加热的过程中，更加容易观察到水的运动情况。如果不放木屑只对水进行加热的话，是很难观察到水的运动情况的。注意，木屑不要放太多，如果没有木屑用大麦或者剪成小块的彩色画纸来代替都是可以的。

对试管中间部位进行加热时

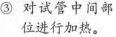

③ 对试管中间部位进行加热。

▲ 从火苗接触到的中间位置开始到水面，木屑在这之间上下运动。

对试管底端进行加热时

④ 对试管底端进行加热。

▲ 从火苗接触到的底端开始到水面，木屑在整支试管里上下运动。

通过实验得知的结论 木屑放进去的时候是漂在水面上的，木屑吸水之后就开始往下沉。待开始加热之后，暖和的水开始向上移动，于是木屑也跟着向上移动。木屑从试管受热的部位开始到水面，在这个距离之间上下运动。在对试管的底端进行加热时，木屑从管底开始一直到水面，在这个距离之间上下运动。由此可知，水从加热的位置开始一直运动到水面上，以此来传递热量使得水整体都变得温暖。当热在固体中传递时，固体的分子不发生位移仅传递热量；当热在液体中传递时，液体通过运动来传递热量。

84 实验 加热时冰块在水中如何变化 🔍 ❓

在试管的底端和中间各放一块冰，然后对试管的中间进行加热，预想一下实验结果会是怎样的。

准备材料 试管、冰、水、支架、酒精灯、石头、手套、试管夹

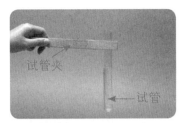

① 在试管内倒入2/3左右的水。

② 在试管里放入冰块然后放入石头将冰块压至管底，再放入另一块冰块。

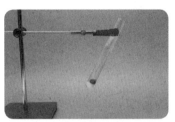

③ 将试管固定在支架上。

④ 对试管中间部位进行加热。

▲ 试管上方的冰先融化。

▲ 试管下方的冰后融化。

通过实验得知的结论 因为冰会浮在水面上，因此需要用石头压住冰块才能让冰块沉入管底。在对试管中间部位进行加热时，可以看到浮在试管水面上的冰先融化，沉在试管管底的冰后融化。这是因为在对试管中间部位进行加热时，热水直接运动到水面上来传递热量。如果是对试管的底部进行加热，就会看到试管上端和底端的冰是同时融化掉的。

科学家的眼睛

海水里也会发生热传递吗?

地球上的海水温度并不是完全相同的，位于赤道附近的海水由于受到强烈的日晒因此温度比较高，而南北极极地地区的海水温度却是非常低的。所以赤道附近温暖的海水就会向极地地区的海域流动以传递热量。海水表面因此而产生的大规模流动称为**海流**。海流不仅会改变海水的温度，还会改变气候和鱼类的生活环境。

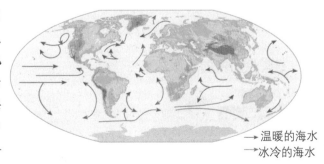

→ 温暖的海水
→ 冰冷的海水

▲ **海水的循环**
地球上的海水通过海流传递热量。

在透明的玻璃水壶里放一小把大麦煮沸，观察大麦粒在水中的运动情况。

准备材料 透明的玻璃水壶、大麦、水、加热工具

① 在透明的玻璃水壶里放入适量的水。

② 在装有水的水壶里放入一小把大麦。

③ 用加热工具对水壶进行加热。

受热的地方

▲大麦以一定的规律上下快速地运动着。

通过观察得知的结论 与加热工具的火苗有直接接触的底部水最先受热，受热升温的水变得比周围的水轻，所以开始上升。这时位于上层的冷水向下运动，受热之后又重新上升，因此水在整个加热过程中上下反复地运动。像这样由物质直接发生位移来传递热量的方式称为对流。

科学家的眼睛

在水里不会发生传导吗?

传导是指构成物质的分子通过振动和彼此碰撞来传递能量的方式，不过物质的构成分子不发生位移仅传递能量，且传导多见于固体。那么像水这样的液体物质就不会发生传导吗？虽然液体也可以像固体一样通过传导来传递热量，但是由于液态物质的构成分子之间隔的距离比较远，可以发生碰撞的机会非常少，所以如果液体通过传导来传递热量的话，速度会变得非常慢。

对流

传导

因此当我们用水壶来烧水的时候，与火苗发生直接接触的壶底是通过传导使整个水壶都变烫，而水壶里的水则是通过水直接运动而发生的对流传递热量，使整壶水都变热。

日常生活中的液体对流

▲打开热水，整个浴池里的水都会变热。

▲温泉里涌出来的热水可以把整个温泉池里的水都变热。

▲锅炉里烧出来的热水可以加热地暖。

冷水在常温的水中是如何运动的？观察漂在冰水上面的冰块是如何运动的，然后再想办法让冰块沉入水底，观察并比较两种情况下冰块的运动情况

准备材料 两块有颜色的冰块、两个透明的杯子、黏土、水

能量·热

冰块在水面上的运动

▲ 往装有彩色冰块的杯子中倒水，使冰块漂浮在水面上。

结果

彩色冰块

▲ 彩色冰块融化的冰水向下运动。

注意 使用彩色冰块的原因是彩色冰在融化时形成的冰水看起来更加明显，我们可以清晰地观察到冰水的运动情况。这与我们在观察热水的运动情况时，往水里加木屑和大麦的原理是一样的。

冰块在水下的运动

▲ 在彩色冰块上贴上黏土，往杯子里倒水使冰块沉在水底。

结果

彩色冰块

▲ 彩色冰块融化的冰水停留在杯底。

通过实验得知的结论 漂浮在水面上的冰块融化的冰水向下运动。而沉在水底的冰块融化的冰水就直接停留在了杯底。由此可知，无论冰块停留在水中的哪个位置，只要是比周围温度低，冰水就会向下运动。

科学家的眼睛

地球内部也会发生对流吗？

在地球的内部结构中，包裹在地球最外侧的外壳称为地壳。地壳从外表上来看似乎是不会发生运动的，但事实上这巨大的地壳在漫长的岁月中一直在悄悄地运动着。而推动地壳发生运动的力量就是由来自地球内部一种名为地幔的物质的对流运动而产生的。地幔是一种具有流动性的固体物质，它位于距离地球表面约2800km深的地方，占地球总体积的80%左右。因为地幔本身的对流运动，漂浮在地幔上面的地壳也跟着悄悄发生运动。只不过地幔的对流发生得十分缓慢，因此人类几乎是感觉不到的。

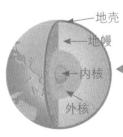

地壳
地幔
内核
外核

◀ **地球的内部结构**
位于最外侧的地壳，漂浮在具有流动性的地幔上面。

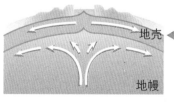

地壳

地幔

◀ 因为地幔的对流运动，地壳也跟着悄悄发生运动。

寒冷的冬天放在教室角落的暖炉可以让整个教室暖和起来。下面我们就来观察一下热在空气中的运动情况，看一看热在空气中是以什么方式传递的。

准备材料 香、点火器、冰箱

空气在门缝间的运动

▲ 寒冷的冬天把教室的门打开一道门缝，点燃一支香分别放在门缝的上端和下端进行观察。

▲ 当香放在门缝的上端时，香的烟是从里往外飘的。

▲ 当香放在门缝的下端时，香的烟是从外往里飘的。

空气在冰箱门缝间的运动

▲ 夏天把冰箱的门打开一道缝隙。

▲ 当香放在冰箱门缝的上端时，香的烟是从外往里飘的。

▲ 当香放在冰箱门缝的下端时，香的烟是从里往外飘的。

注意 在观察温度不同的空气是如何发生运动时，由于空气的运动是看不见的，所以用香来作为参照物是非常理想的。如果可以用彩色的香，那么观察起来就更方便了。

通过实验得知的结论 实验结果显示，当香放在门缝的上端时，香的烟是从里往外飘的；当香放在门缝的下端时，香的烟是从外往里飘的。由此可知，室内温暖的空气是向上运动的，室外寒冷的空气是向下运动的。所以当空气的温度存在差异时，气体中温暖的空气上升，寒冷的空气下降，空气就是通过这样的循环运动来传递热量的。

综上所述，热在空气中的传递方式与在液体中的传递方式相同，两者都是通过对流现象来实现的。

▲ 温暖的空气上升，寒冷的空气下降，热在空气中也是以对流的方式进行传递的。

暖气和空调应该安装在什么位置?

位于某一固定空间中的空气在受热时，构成空气的各种分子变得活跃起来，而且分子之间的距离会拉得更远。空气的体积会因此而变大，同时密度（单位体积的质量）减小，这使得热空气和周围的冷空气比起来相对要轻一些，所以热空气会向上运动。反之，位于空间上层的冷空气质量相对增加开始向下运动，通过这样的循环整个空间里的空气都变得暖和起来。

那么对空气进行加热的暖气和让空气变冷的空调，应该安装在什么位置比较合理呢？暖气里出来的热空气会向上运动，因此如果把暖气安装在远离地面的位置，那么打开暖气之后只有上面的空气会变暖和，下面的空气依然是冰冷的。所以暖气应该安装在靠近地面的位置，这样才能让整个空间的空气都变得暖和起来。反之，空调里产生的冷空气是向下运动的，因此如果把空调安装在靠近地面的位置，那么打开空调之后只有下面的空气会变得凉爽，上面的空气依然是热的。所以空调应该安装在远离地面的位置，这样才能让整个空间都变得凉爽起来。

能量·热

▲ 暖气应该安装在靠近地面的位置。

▲ 空调应该安装在远离地面的位置。

生活中气体的对流

▲ 烟囱为了将热空气排出去，所以安装在上面。

▲ 热气球是用燃烧器对空气进行加热，利用热空气向上运动的性质来飞行。

▲ 排风扇为了把热空气排出去，所以安装在上面。

▲ 加热后的水蒸气向上运动，可以把蒸笼里的包子或玉米蒸熟。

石冰库的秘密

过去，作为冰块仓库使用的石冰库就是利用了对流现象来制造的。石冰库内部产生的热空气通过对流向上运动。上升到冰库上层的热空气通过顶端的换气口排出，这样冰块在石冰库里就可以长期维持新鲜的状态了。

石冰库的入口

石冰库的换气口

辐射

夏天在太阳光照射的地方会感觉到非常热，但到了阴凉的地方又会觉得凉爽。这是为什么呢？

---

 88 实验 **感受一下白炽灯泡光的温暖**

我们即使不用手去摸太阳也可以感受到阳光的温暖。除此以外，暖炉的火光以及发光的灯泡，我们也不用亲手触摸就可以感受到温暖的感觉。

为什么会出现这种现象呢？下面我们就来了解一下光的热是如何进行传递的。

▲ 手与亮起的白炽灯泡靠得越近，感受到的温暖感觉就越多。

▲ 手与亮起的白炽灯泡离得越远，感受到的温暖感觉就越少。

准备材料 两个没有灯罩的台灯、热感应贴纸

① 准备一张热感应贴纸，看清楚贴纸本身的颜色。因为不同种类的纸张颜色也会有所不同。

② 将热感应贴纸靠近亮起的白炽灯泡，看到贴纸受热变成了黄色。

③ 使热感应贴纸远离亮起的白炽灯泡，看到贴纸恢复原来的颜色。

通过实验得知的结论 当手靠近亮起的灯泡时会感觉到温暖，蓝色的热感应贴纸靠近灯泡时会变成黄色。然后当手远离灯泡时感受到的温暖感觉就减少了，热感应贴纸远离灯泡也会变回原色。这个实验证明，有光的地方就有热，并且光周围的温度会升高。像这样由光直接传递热的方式称为**辐射**。

科学家的眼睛

热感应贴纸——用眼睛可以看到热的存在吗？

热感应贴纸是用液晶温度计的材料或对温度敏感的涂料涂抹过的纸张，它的颜色会随着温度而发生改变，因此又称为**示温贴纸**。热感应贴纸分为低温专用、中温专用和高温专用三种，三种贴纸随温度发生的颜色变化是不同的。示温贴纸上使用的示温涂料多用于啤酒瓶、饮料罐或橘子包装盒等需要低温储存的物品上，或者容易产生过热现象的电器设备上，以起到提示危险的作用。

光可以传递热量，那么太阳光也可以传递热量吗？通过用阳光对水进行加热的实验，验证太阳光是否可以传递热量。

准备材料 纸箱、锡箔纸、烧杯、水、透明保鲜膜、温度计、美工刀

能量·热

① 用美工刀将纸箱裁成与图中相同的形状

② 用锡箔纸把纸箱包裹起来，在箱子里放一个装有水的烧杯。

③ 用温度计测量烧杯中水的温度，然后用保鲜膜罩起来，放在光照充足的地方。

▲ 过了一段时间之后，烧杯里水的温度与最开始的温度相比升高了。

通过实验得知的结论 从烧杯里的水受到阳光照射温度升高的实验结果来看，太阳光也是通过辐射的方式来传递热量的。由于太阳和地球之间没有可以用于传递热量的固体、液体或气体，因此太阳光不是通过传导或对流的方式进行热量的传递，而是通过**辐射**的方式来直接传递热量的。

科学家的眼睛
日常生活中的辐射

▲ 运动场上因为阳光的热传递所以是温暖的，遮阳棚下面因为没有太阳的照射所以是凉爽的。

▲ 舞台上面安装的照明向下传递热量，因此舞台上面是热的。

▲ 因为阳光的热传递，玻璃温室里的温度比室外的温度高。

▲ 太阳能住宅利用太阳能传递的热来维持日常生活。

用眼睛看不见的光

在我们的身边既有像灯光这样用眼睛看得见的光，也有用眼睛看不见的光。用眼睛看得见的光都是可见光，而用眼睛看不见的光包括紫外线、红外线、X射线等。通过辐射来进行热传递的光大部分都是红外线。从用红外线拍摄出来的

可视光

紫外线消毒机

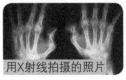

用X射线拍摄的照片

拍摄红外线照片的样子

照片可以看到物体不同部位的温度差异。尤其是建筑设计师们为了维持房屋的温度，经常会用红外线照片来作为参考。紫外线可应用于杀菌消毒的仪器，红外线可应用于医疗仪器，X射线则可以用于拍摄骨骼照片。

隔热

若想让刚出炉的比萨在送外卖的过程中不会凉掉，应该如何进行包装？隔热的装置我们可以亲手进行制作吗？

90 实验 冰块怎样融化得慢

有时出于需要我们会对热的传递采取阻断的措施。但是要怎么做才能阻止热发生传递呢？下面我们就通过比较被棉花包裹和没有被棉花包裹的冰块融化速度的实验来寻找答案吧。

准备材料 棉花、两块同等大小的冰块、两个培养皿

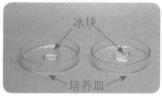

冰块
培养皿

① 准备两块同等大小的冰块和两个培养皿。

除了包裹棉花以外，其他条件应保持一致。

② 一个冰块用棉花包裹起来，另一个不做处理。

结果

▲ 过了一会儿，没有被棉花包裹的冰块比被棉花包裹的冰块先融化了。

通过实验得知的结论 大家可能起初预想的都是被棉花包裹的冰块会先融化，但实验结果却显示没有包裹棉花的冰块先融化了。发生这种现象的原因是没有用棉花包裹的冰块与外界发生了热传递，而被棉花包裹的冰块由于外界的热难以传递到棉花内部，所以冰块才会融化得那么慢。像这样阻止热传递发生的现象称为隔热，而像棉花这种用于隔热目的的材料称为隔热材料。

科学家的眼睛

空气也是不错的隔热材料

使用隔热材料的主要目的是为了阻止热传递的发生。在常用的隔热材料中除了塑料、塑料泡沫、绒毛、木材和布料等热传导率较低的固体物质以外，空气也是非常具有代表性的隔热材料之一。空气是一种非常理想的隔热材料，它的热传导率仅为玻璃热传导率的1/40，布料热传导率的1/2600。冬天穿一件厚衣服却不如穿好几件薄衣服来得暖和，原因就是因为衣服之间的空气层阻止了热传递的发生。于是人们就利用空气的这种性质发明了一种名为气凝胶（Aerogel）的新型材料。气凝胶的英文名称Aerogel，是由表示空气的单词aero和表示三维网状结构的gel合成的单词，气凝胶中空气占据了总体积的98%。气凝胶是迄今为止人类所发明的材料中最轻的固体物质，并且是一种具有高隔热性能的环保型物质。气凝胶是非常值得瞩目的新型材料，它可被广泛地应用于隔热材料、宇宙飞船原材料等未来型产业。

▲ 塑料、塑料泡沫、绒毛、木材和布料等由于热传导率较低可以作为隔热材料使用。

气凝胶

在日常生活中，什么时候需要对热进行隔离呢？让我们一起来找一找日常生活中用到隔热原理的实例吧。

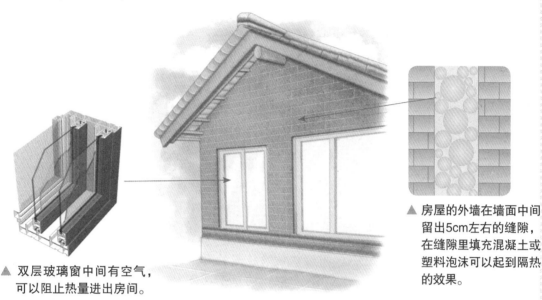

▲ 双层玻璃窗中间有空气，可以阻止热量进出房间。

▲ 房屋的外墙在墙面中间留出5cm左右的缝隙，在缝隙里填充混凝土或塑料泡沫可以起到隔热的效果。

▲ 草房的屋顶是用空心的稻草秆制作的，稻草秆中间的空气也可以起到隔热的作用。

▲ 北极熊外皮毛发中间有孔，这里面的空气层可以阻止北极熊体温的流失。

▲ 冬天穿的防寒服里填充的纤维也是空心的，这种纤维可以阻止人体的热量向外散失。

通过调查得知的结论 我们日常生活中用到的窗户、墙壁、衣服、保温瓶等都采用了隔热的原理。常用的隔热材料有空气、塑料泡沫、绒毛、布料和纸张等。

科学家的眼睛

藏在消防服和宇宙飞船里的隔热材料

消防员们穿的消防服由制服、鞋子、头盔等组成。消防服的作用是保护消防员在进入火灾现场时不受有毒气体和滚烫的火焰的伤害，因此制作消防服的原材料必须是隔热性能最佳的特殊面料。

另外，宇宙飞船在穿越地球大气层时，必须承受飞船和大气摩擦而产生的高温，因此宇宙飞船整体都必须是完美的隔热体。

消防服　　　宇宙飞船

在我们日常使用的保温瓶中也含有隔热材料。保温瓶可以让装在里面的液体温度长期维持稳定不变。虽然它的名字叫保温瓶，但如果在里面装入冰镇过的饮料，同样可以长时间维持饮料的冰爽。思考一下保温瓶的工作原理，然后用我们身边的材料来动手制作一个属于自己的保温瓶。

瓶塞：用热传导率较低的塑料制成，阻止热传递的发生。

双层外壁：内侧杯壁和外侧杯壁之间是真空的状态，可以有效防止热传导和热对流的发生。

玻璃：表面发亮反光，防止热通过辐射的方式发生传递。

准备材料 棉花、冰块、塑料泡沫、布料、毛巾、保温瓶塑料膜、小瓶子、大瓶子、餐巾纸、胶带、剪刀、锡箔纸

① 找两个一大一小的瓶子，用于制作隔热性能较好的双层外壁。

② 用隔热效果较好的毛巾或布料把小的瓶子包裹起来。

锡箔纸

③ 在大瓶子的内部铺一层锡箔纸，防止热以辐射的方式发生传递。

塑料泡沫

④ 在大瓶子底部铺满塑料泡沫之后再把小瓶子放进去，这样做是为了防止两个瓶子发生接触之后产生热传递。

棉花

⑤ 在大瓶子和小瓶子之间塞满棉花或餐巾纸，防止热通过空气进行传递。

冰块

⑥ 为了测验我们制作的保温瓶保温效果如何，在小瓶子和市面上销售的保温瓶里各放一个大小相似的冰块。

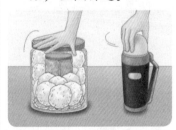

⑦ 把大瓶、小瓶和保温瓶的盖子全部盖好，防止热发生传递。

结果

▲ 10分钟之后从我们制作的保温瓶和真正的保温瓶中把冰块取出来进行比较，结果显示两个冰块的大小依然是相似的。

通过实验得知的结论 在制作属于我们自己的保温瓶时用到了棉花、布料、餐巾纸、塑料泡沫等作为隔热材料，而且采用了双层外壁的结构，并在两个瓶子中间也塞入了隔热材料。这样做出来的保温瓶的隔热效果比用一个瓶子做出来的要好得多。另外，我们在外面的大瓶子里铺锡箔纸，可以防止因光而产生的热辐射传递。最终实验结果是，从我们制作的保温瓶和真正的保温瓶中取出来的冰块大小几乎是一致的。

热与热量

热是一种可以提高物体温度或改变物体状态的能量。能量从温度高的地方向温度低的地方移动，直至两者温度一致，达到热平衡的状态，能量才不会再发生移动。

那么热量又是什么意思呢？热量多就代表可以改变物质温度的能量多。比方说，有一壶温度达到90℃的水和一浴缸温度为40℃的水，在对这两者进行比较时，虽然水壶里的水温度比浴缸里的水高，但是热量却是浴缸里的更多。这是因为浴缸里的水量比水壶里的水量多得多，所以在用这两个容器里的水对相同的物体进行加温时，浴缸里的水可以让物体的温度升高得更多一些。

虽然水壶里的水温度比浴缸的水高，但浴缸里热水的热量却更多。

90℃

40℃

衡量热量的单位是什么?

营养成分			每次的供应量： 1袋(1个20g) 共4次的供应量(80g)		
每次的供应量	含量	%营养素 标准值	每次的 供应量	含量	%营养素 标准值
热量	100kcal		脂肪	6g	12%
碳水化 合物	10g	3%	饱和脂 肪	3.9g	26%
糖类	6g		不饱和 脂肪	0g	
蛋白质	1g	2%	胆固醇	10mg	3%
%营养素标准值以每天的营养素 标准值为基准			钠	25mg	1%

温度是表示某种物体的冷热程度的数值，温度的单位有摄氏度（℃）和华氏度（℉）两种，而热量的单位就只有一种卡路里（cal）。1cal表示1g水的温度升高1℃时所需要的能量。稍大一点儿的单位还有千卡路里（kcal），1kcal等于1000cal。我们日常所吃的食物外包装上标注的"卡路里"就代表了食用该食物时摄取的热量值。一般情况下，1g碳水化合物所含的热量大约是4kcal，1g脂肪约为9kcal，1g蛋白质约为4kcal。

辐射能

在热的传递方式中，无需中介物质直接传递热的方式称为辐射。以辐射的方式传递出来的能量称为辐射能或辐射热。

地球上所有的物体均可以释放和吸收辐射热，只是不同物体辐射热的强度各不相同而已。而且物体的温度越高，释放出来的辐射热就越多；越容易释放辐射热的物体，也就越容易吸收辐射热。白天地球在太阳光的照射下，大量的辐射热到达地球表面使地球温暖起来，然而到了晚上却变成了地球表面向外释放辐射热。

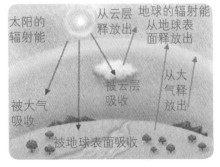

太阳的辐射能　从云层释放出　地球的辐射能　从地球表面释放出

被大气吸收　被云层吸收　从大气释放出　被地球表面吸收

图书在版编目（CIP）数据

少儿科学实验全知道. 2 /（韩）梁一镐编著；洪梅译.
－－ 北京 ：北京联合出版公司，2014.7
（我的小小科学实验室）
ISBN 978－7－5502－3225－9

Ⅰ．①少… Ⅱ．①梁… ②洪… Ⅲ．①科学实验－少儿读物
Ⅳ．①N33－49

中国版本图书馆CIP数据核字(2014)第143335号
版权登记号：01－2014－3304

少儿科学实验观察全知道 ②

〔韩〕梁一镐 / 编著　　洪梅 / 译

丛书总策划 / 黄利　监制 / 万夏
责任编辑 / 徐秀琴 宋延涛
特约编辑 / 康洁 杨文
编辑策划 / 设计制作 / 奇迹童书　www.qijibooks.com

北京联合出版公司出版
（北京市西城区德外大街83号楼9层　100088）
北京瑞禾彩色印刷有限公司印刷　新华书店经销
265千字　787毫米×1092毫米　1/16　32.25印张
2014年7月第1版　2014年7月第1次印刷
ISBN 978－7－5502－3225－9
定价：119.60元（全四册）